Java 语言及其应用实操

怯肇乾 主 编
甘明慧 副主编

电子工业出版社
Publishing House of Electronics Industry
北京·BEIJING

内 容 简 介

本书通过经典案例，由浅入深地介绍了 Java 语言及其应用。全书注重编程素养的培养，注重职业技能训练，注重教学和练习的实用性、可操作性和趣味性。内容安排科学、合理、实用，可引导读者学习、巩固、综合运用 Java 语言。

本书可作为应用型本科和高职高专院校软件工程、物联网工程、网络工程、信息工程等专业，以及开放大学、成人教育、自学考试和培训班等相关课程的教材。

本书配有电子案例、模拟考试题及其参考答案、代码、作业等资源。

未经许可，不得以任何方式复制或抄袭本书之部分或全部内容。
版权所有，侵权必究。

图书在版编目（CIP）数据

Java 语言及其应用实操/怯肇乾主编. —北京：电子工业出版社，2023.1
ISBN 978-7-121-44748-8

Ⅰ．①J… Ⅱ．①怯… Ⅲ．①JAVA 语言－程序设计－高等学校－教材 Ⅳ．①TP312.8

中国版本图书馆 CIP 数据核字（2022）第 242313 号

责任编辑：张 楠　　文字编辑：白雪纯
印　　刷：三河市华成印务有限公司
装　　订：三河市华成印务有限公司
出版发行：电子工业出版社
　　　　　北京市海淀区万寿路 173 信箱　邮编：100036
开　　本：720×1 000　1/16　印张：12.5　字数：240 千字
版　　次：2023 年 1 月第 1 版
印　　次：2023 年 1 月第 1 次印刷
定　　价：45.00 元

凡所购买电子工业出版社图书有缺损问题，请向购买书店调换。若书店售缺，请与本社发行部联系，联系及邮购电话：（010）88254888，88258888。
质量投诉请发邮件至 zlts@phei.com.cn，盗版侵权举报请发邮件至 dbqq@phei.com.cn。
本书咨询联系方式：（010）88254590。

前 言

本书以 Java 语言为基础，通过经典案例，由浅入深地介绍了 Java 语言及其应用，共 4 章：第 1 章为入门准备；第 2 章为 Java 基础训练；第 3 章为经典案例实战；第 4 章为项目综合演练。

第 1 章 入门准备

本章为介绍 Java 语言做准备，首先引入两个入门案例，使读者对 Java 语言有一个基本了解，然后介绍课程教学纲要和课程互动教学，主要包括课程考核办法、云端教研室和云上电子办公，最后介绍 Java 语言的学习环境。

第 2 章 Java 基础训练

本章针对具体的培养目标，梳理所需知识点，精心选择案例，参考资料从传统的应用技术教材改为生动形象、随时实战的线上课堂：菜鸟教程，分别从基础知识、Java 类基础、Java 资源类、文件操作、异常处理和线程操作等方面进行训练，训练内容丰富多样。

第 3 章 经典案例实战

本章运用 Java 语言进行程序设计，包括运算分析、Web 后端服务支撑、测控与数据交互等内容。运算分析主要包括经典数学运算、常用加密算法和数字滤波器。Web 后端服务支撑可实现在前端页面展示随机数的功能。测控与数据交互采用客户端/服务器模式：客户端模拟受控车辆，服务器端实现车辆的运行与监控，远程测控框架由传统的 Socket 网络通信变为 Apache MINA。本章还列出了作业和成绩表，供读者练习。

第 4 章 项目综合演练

本章选取简易计算器的可视化实现、可视化串口通信设计、空气质量监测控制系统设计、Web/App 后端服务、大数据分析与提取等代表性项目进行综合演练。项目的类型有 Java 项目、Web 项目和微服务架构的 Maven 项目。在实践过程中，本章详细讲解软件架构和领域驱动设计的思想，为读者日后设计项目打下坚实基础。本章列出了作业、实训报告和成绩表，可帮助读者学习知识、总结经验。

本书具有以下特点。

1. 引导式教学

本书采用互动引导式教学，仅展示关键步骤和运行结果，通过经典案例引出软件设计与编程技巧，体现"做中学、学中练"的教学思路，非常适合作为应用型本科和高职高专院校相关专业的教材。

2. 案例丰富

本书在内容上注重实战演练，精心选择案例，努力做到案例精、训练精、练习精，使读者能够在实践中快速、精准地把握核心知识。

3. 内容连贯

每一章的内容都与前一章有密切联系，注重技能训练的延展性，案例既相对独立，又与前后内容保持联系，由点到线、由线到面，体现内容的连续性、综合性和系统性。

为便于读者学习，本书配有电子版的案例、模拟考试题及其参考答案、代码、作者等资源。请有需要的读者扫描书中的二维码查看或下载教学资源。

使用本书教学时，规划总课时为 64~96 学时，因材施教，本科层次可规划约 64 学时，专科或职高层次可规划约 96 学时。

由于作者水平有限，书中难免有疏漏和不足之处，敬请读者批评指正。

怯肇乾

联系方式：kaizq@sina.com

2022 年 11 月

目 录

第1章　入门准备 ·· 1
  1.1　入门案例 ··· 1
    1.1.1　可视化串口通信设计 ·· 1
    1.1.2　Web 后端服务支撑 ··· 3
  1.2　课程教学纲要 ·· 4
    1.2.1　Java 基础训练 ·· 4
    1.2.2　经典案例实战 ··· 5
    1.2.3　项目综合演练 ··· 5
  1.3　课程互动教学 ·· 6
    1.3.1　课程考核办法 ··· 6
    1.3.2　云端教研室 ·· 6
    1.3.3　云上电子办公 ··· 7
  1.4　学习环境 ··· 8
    1.4.1　整理启动菜单 ··· 8
    1.4.2　整理资料 ··· 8
    1.4.3　Word 文档配置 ·· 9
    1.4.4　数字签名 ·· 10
    1.4.5　JDK 环境 ··· 10
    1.4.6　Tomcat 应用服务 ·· 11
    1.4.7　MyEclipse 集成开发环境 ·· 11
    1.4.8　网络调试助手 ·· 12
  1.5　入门小论文 ·· 12

第2章　Java 基础训练 ·· 14
  2.1　基础知识 ··· 14
    2.1.1　知识点概括 ·· 14

		2.1.2　学习入口 17
		2.1.3　关键说明 22
		2.1.4　实例操作训练 25
	2.2　Java 类基础 30
		2.2.1　知识点概括 30
		2.2.2　学习入口 32
		2.2.3　实例操作训练 39
	2.3　Java 资源类 42
		2.3.1　知识点概括 42
		2.3.2　学习入口 45
		2.3.3　关键说明 54
		2.3.4　实例操作训练 60
	2.4　文件操作 64
		2.4.1　知识点概括 64
		2.4.2　学习入口 66
		2.4.3　实例操作训练 69
	2.5　异常处理 72
		2.5.1　知识点概括 72
		2.5.2　学习入口 73
		2.5.3　实例操作训练 75
	2.6　线程操作 78
		2.6.1　学习入口 78
		2.6.2　关键说明 81
		2.6.3　实例操作训练 81
第 3 章　经典案例实战
	3.1　运算分析 86
		3.1.1　基础知识汇总 86
		3.1.2　典型案例引用 86
		3.1.3　场景模拟互动练习 88
		3.1.4　独立编程操作演练 90

目 录

- 3.2 Web 后端服务支撑 ·· 92
  - 3.2.1 基础知识汇总 ·· 92
  - 3.2.2 Web 项目开发 ·· 92
  - 3.2.3 场景模拟互动练习 ·· 94
  - 3.2.4 独立编程操作演练 ·· 97
- 3.3 测控与数据交互 ·· 97
  - 3.3.1 基础知识汇总 ·· 97
  - 3.3.2 Apache MINA ··· 97
  - 3.3.3 场景模拟互动练习 ·· 99
  - 3.3.4 独立编程操作演练 ·· 108

第 4 章 项目综合演练 ·· 110
- 4.1 简易计算器的可视化实现 ······································ 110
  - 4.1.1 知识汇总 ·· 110
  - 4.1.2 场景模拟互动教学 ·· 110
  - 4.1.3 独立编程操作演练 ·· 113
  - 4.1.4 思考和演练 ·· 114
- 4.2 可视化串口通信设计 ·· 114
  - 4.2.1 知识汇总 ·· 114
  - 4.2.2 场景模拟互动教学 ·· 114
  - 4.2.3 独立编程操作演练 ·· 121
  - 4.2.4 思考和演练 ·· 122
- 4.3 空气质量监测控制系统设计 ···································· 123
  - 4.3.1 知识汇总 ·· 123
  - 4.3.2 数据库安装 ·· 123
  - 4.3.3 场景模拟互动教学 ·· 126
  - 4.3.4 独立编程操作演练 ·· 138
- 4.4 Web/App 后端服务 ·· 140
  - 4.4.1 知识汇总 ·· 141
  - 4.4.2 场景模拟互动教学 ·· 141
  - 4.4.3 独立编程操作演练 ·· 147

· VII ·

4.5 大数据分析与提取 …………………………………………………… 148
　　4.5.1 知识汇总 …………………………………………………… 148
　　4.5.2 场景模拟互动教学 ………………………………………… 148
　　4.5.3 独立编程操作演练 ………………………………………… 150
　　4.5.4 思考和演练 ………………………………………………… 151
附录 A　增强单体垂直网络软件系统架构工具用户手册 ………………… 152
附录 B　模拟考试题一 ……………………………………………………… 167
附录 C　模拟考试题二 ……………………………………………………… 176
附录 D　参考答案 …………………………………………………………… 188
参考文献 ……………………………………………………………………… 189

第 1 章 入门准备

1.1 入门案例

下面将通过可视化串口通信设计和 Web 后端服务支撑这两个经典案例，使读者对 Java 语言有一个基本的了解。案例中只列出运行结果和关键步骤，具体的编码实现会在后续章节中讲解。

1.1.1 可视化串口通信设计

本案例为使用 Java 语言编写的一个可视化串口通信程序，集成开发环境为 MyEclipse，使用 WindowBuilder 组件。

> **提示**
> 本案例在第 4 章中有详细介绍，此处仅做简单引导。

1. 界面展示

如图 1-1 所示的窗口为串口通信程序的可视化界面。在该窗口中，单击"串口"下拉列表中的选项可选择串口硬件，单击"波特率"下拉列表中的选项可设置波特率（通信速率），"数据收发"选区可接收和发送常用的字符类数据，"终端设置"选区可对十六进制数据进行特定的操作。

2. 集成开发环境

本案例的集成开发环境如图 1-2 所示。图中，"Structure"选区可设置集成开发环境的组织结构，"Palette"选区可选择需要的控件，"Properties"选区可对控件进行个性化设置。

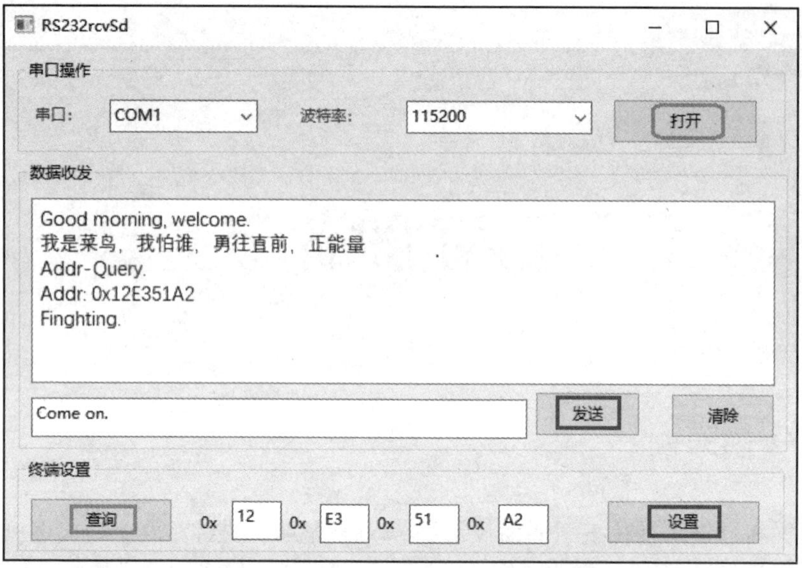

Java 语言及其应用实操

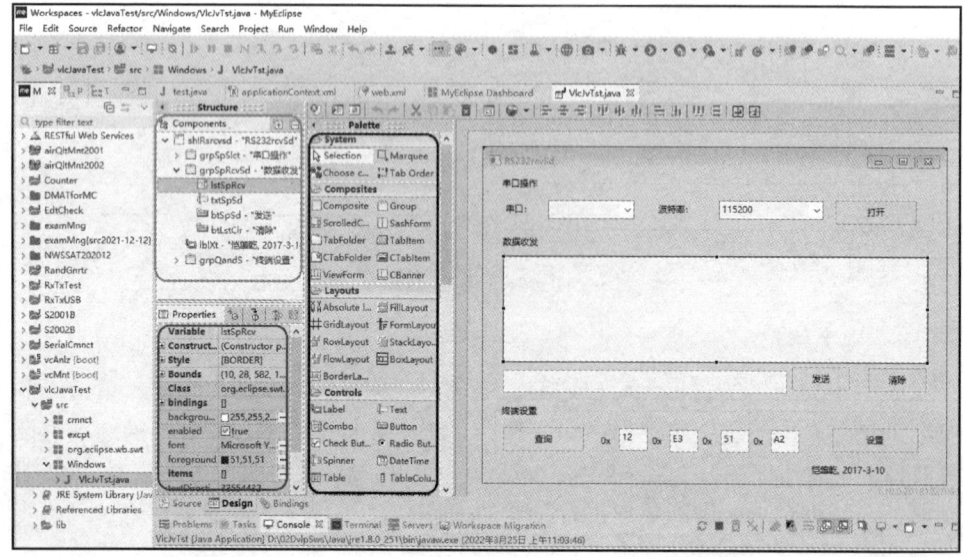

图 1-1

图 1-2

3．核心代码

本案例的核心代码如图 1-3 所示。

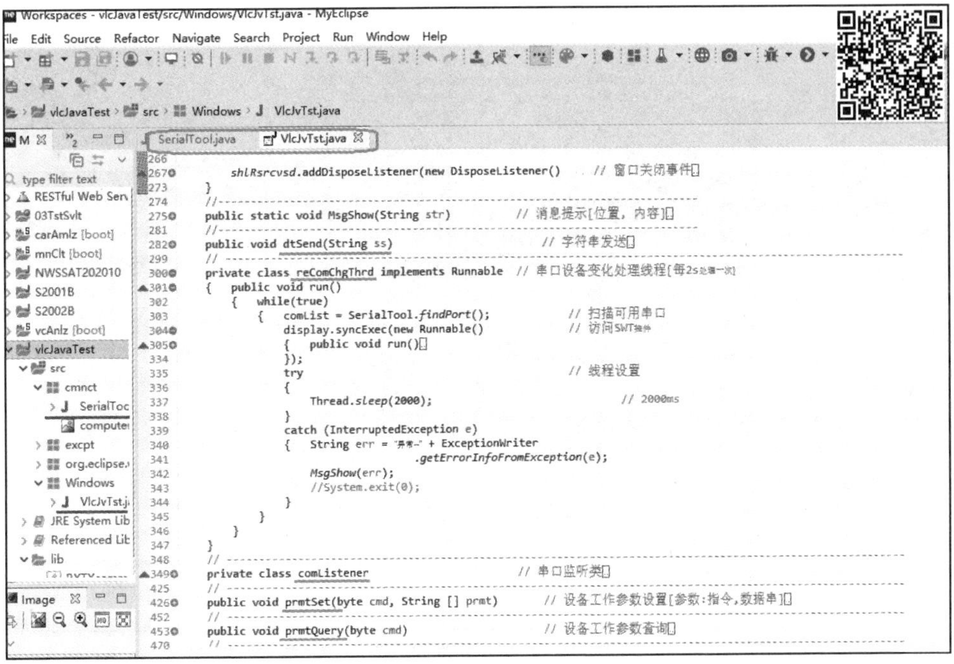

第 1 章 入门准备

图 1-3

1.1.2　Web 后端服务支撑

本案例使用 Java 语言为后端提供服务，并在前端页面展示随机数。

1．效果展示

前端页面展示 1～100 中的随机数，如图 1-4 所示。

图 1-4

2．核心代码

本案例的核心代码如图 1-5 所示，展示了如何创建 1～100 中的随机数。

· 3 ·

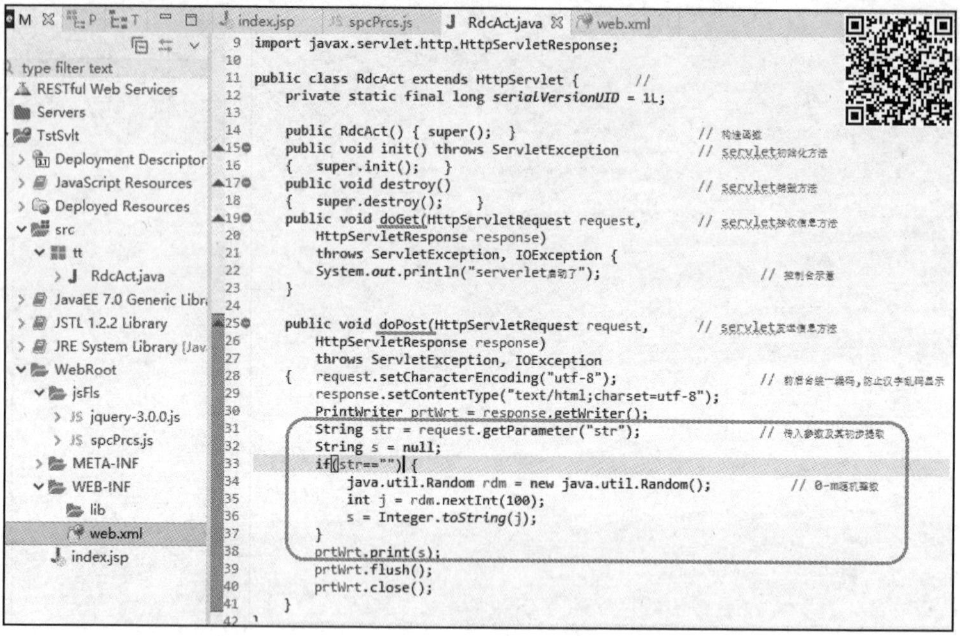

图 1-5

1.2 课程教学纲要

本书首先讲解 Java 基础知识，然后通过经典案例巩固基础知识，最后进行综合项目演练，将知识融会贯通，引导读者动手完成程序编写，体现技能训练的综合性和系统性。

1.2.1 Java 基础训练

Java 语言功能强大、简单易用。Java 语言的图标如图 1-6 所示。

图 1-6

第 1 章　入门准备

Java 基础训练的教学内容约为总学时的三分之一，分别从基础知识、Java 类基础、Java 资源类、文件操作、异常处理和线程操作等方面讲解。

本书选用菜鸟教程中的案例作为学习 Java 语言的补充资源，形象生动，通俗易懂，案例众多。图 1-7 为菜鸟教程的界面。

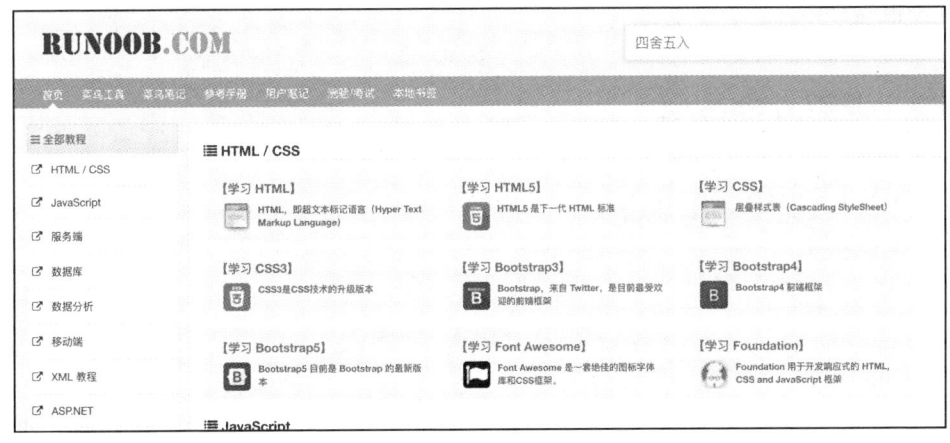

图 1-7

1.2.2　经典案例实战

经典案例实战的教学内容约为总学时的三分之一，汇总能解决实际问题的经典案例，加强知识应用与实战训练，提升读者的学习兴趣。经典案例实战主要包括如下内容。

- 运算分析：经典数学运算、常用加密算法、数字滤波器。
- Web 后端服务支撑：提供客户端/服务器（C/S）模式的后端同、异域服务。
- 测控与数据交互：提供客户端/服务器（C/S）模式的服务支撑，实现远程硬件的数据采集或控制。

1.2.3　项目综合演练

项目综合演练的教学内容约为总学时的三分之一，选取简单的独立项目进行实战教学，学以致用，巩固基础知识。项目综合演练的主要内容如下。

- 简易计算器的可视化实现。
- 可视化串口通信设计。

- ➢ 空气质量监测控制系统设计。
- ➢ Web/App 后端服务。
- ➢ 大数据分析与提取。

通过项目综合演练，读者可开发完整的 Java 项目，使用 Java 语言实现程序设计的根本目标。

1.3 课程互动教学

1.3.1 课程考核办法

表 1-1 为课程考核办法。

表 1-1 课程考核办法

项目		分数	说明
电子试卷	判断	共 10 题，每题 2 分	电子考试，自动评分，占课程考核分数的 40%
	单选	共 10 题，每题 2 分	
	多选	共 10 题，每题 2 分	
	推理	共 4 题，每题 5 分	
	分析	共 4 题，每题 5 分	
论文	小论文	共 4 题，每题 5 分	结合实训，教师评定，占课程考核分数的 30%
	大论文	10 分	
平时成绩	小作业	15 分	布置、上交小作业，教师讲评，占课程考核分数的 30%
	出勤	15 分	

1.3.2 云端教研室

云端教研室的云上电子办公可用于提交作业、论文和实训报告。云端电子考场可用于考试，不需再使用原始、传统的纸质作业和考试形式，更加高效、环保。笔者开发的云端教研室如图 1-8 所示。

第 1 章　入门准备

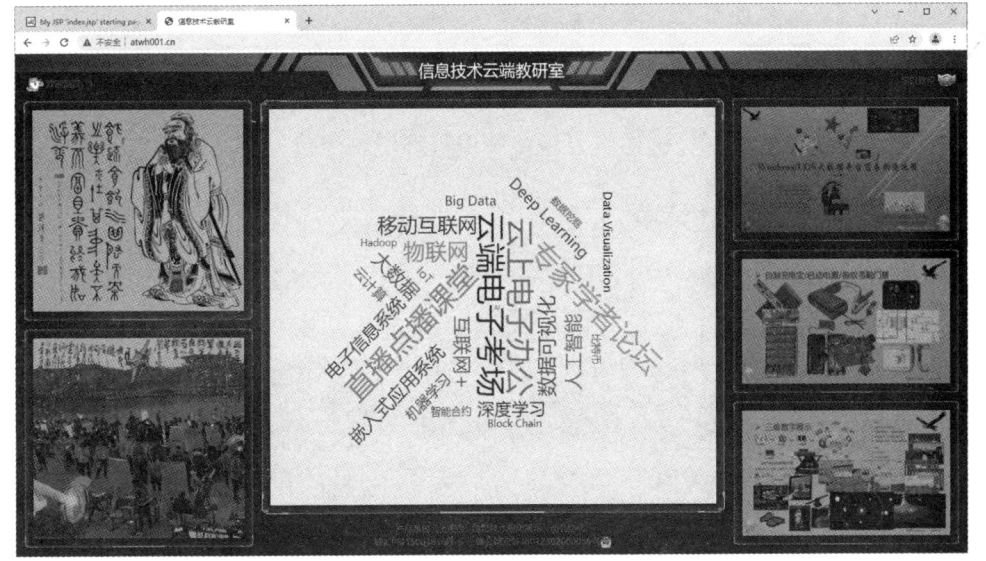

图 1-8

1.3.3　云上电子办公

提交作业、批改论文、上传实训报告、讨论交流等都可在云端教研室中完成。学生可将作业或实训报告提交至云端教研室，如图 1-9 所示。

图 1-9

1.4 学习环境

在正式学习之前，先讲述学习环境和编程环境的配置。

1.4.1 整理启动菜单

整理后的启动菜单如图 1-10 所示，清晰、明了，可利于快速找到所需软件和资料，提高学习效率。

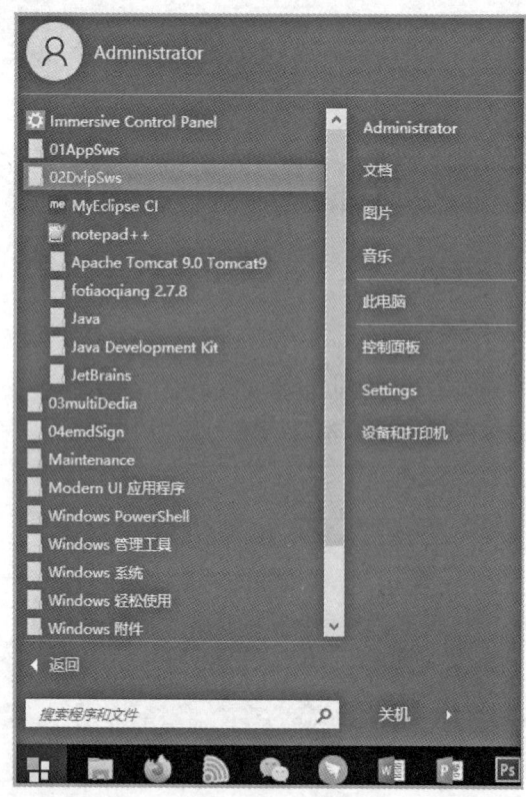

图 1-10

1.4.2 整理资料

学习时，需要下载各种资料，创建分类目录是必不可少的。整理后的资料如图 1-11 所示。

第 1 章 入门准备

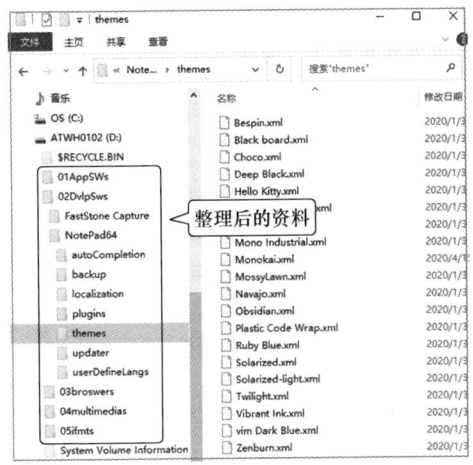

图 1-11

1.4.3 Word 文档配置

使用 Word 文档办公是交互教学的基础。安装并打开 Word 软件，首先设置正文和标题的格式，然后单击菜单栏中的"视图"选项卡，勾选"导航窗格"复选框，打开导航窗格功能，定位文档位置，规范文档排版格式。使用组合键 Alt + Ctrl + Shift + S 可打开"修改样式"对话框，如图 1-12 所示，勾选下方的"基于该模板的新文档"单选框。

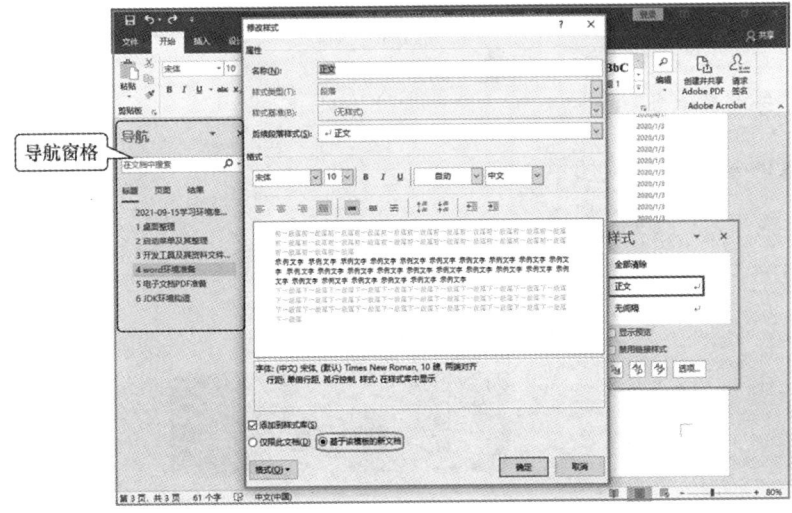

图 1-12

1.4.4 数字签名

提交作业之前，可插入数字签名。在 Adobe Acrobat DC 中，单击菜单栏中"编辑"→"首选项"选项，打开"首选项"对话框，在对话框左侧的"种类"列表框中单击"签名"选项，单击"数字签名"选区中的"更多"按钮，打开"创建和外观首选项"对话框，在对话框中可进行相应的设置，如图 1-13 所示。

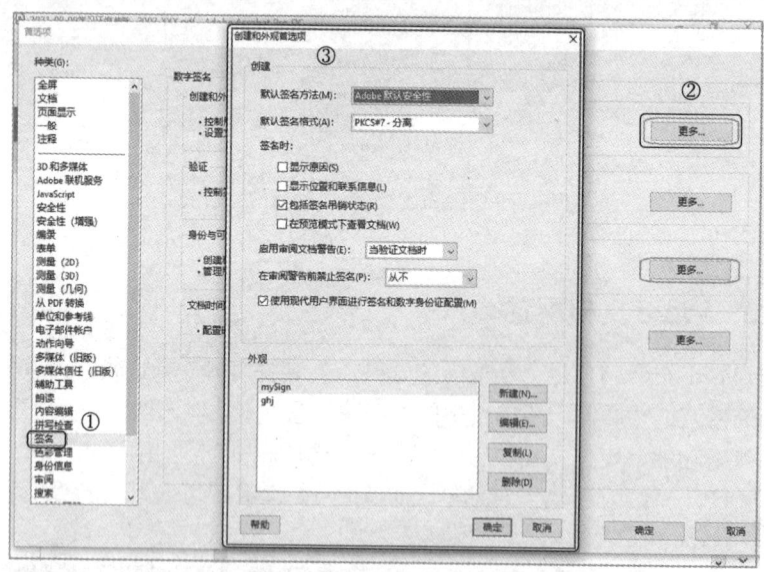

图 1-13

1.4.5 JDK 环境

JDK 环境如图 1-14 所示。

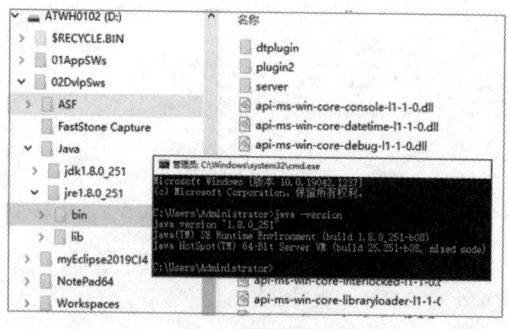

图 1-14

1.4.6 Tomcat 应用服务

Tomcat 应用服务的相关内容如图 1-15 所示，包括软件安装目录、软件设置界面和运行成功界面。

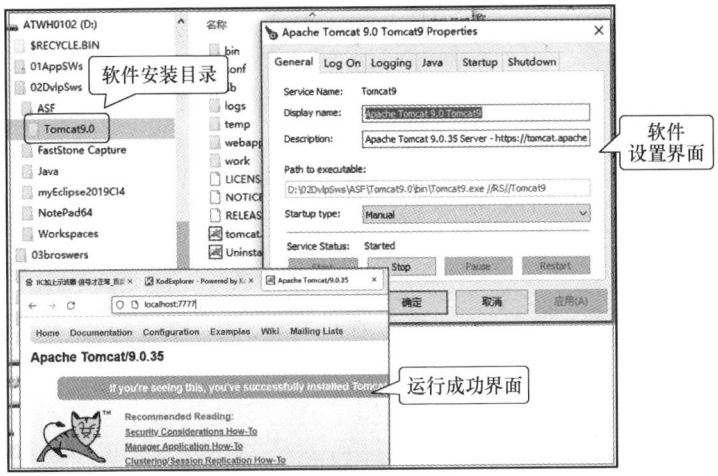

图 1-15

1.4.7 MyEclipse 集成开发环境

使用 Java 语言编程时，主流集成开发环境有 MyEclipse 和 IntelliJ IDEA。本书选用 MyEclipse。图 1-16 展示了 MyEclipse 的启动窗口、运行窗口、软件安装目录和软件有效期查询窗口。

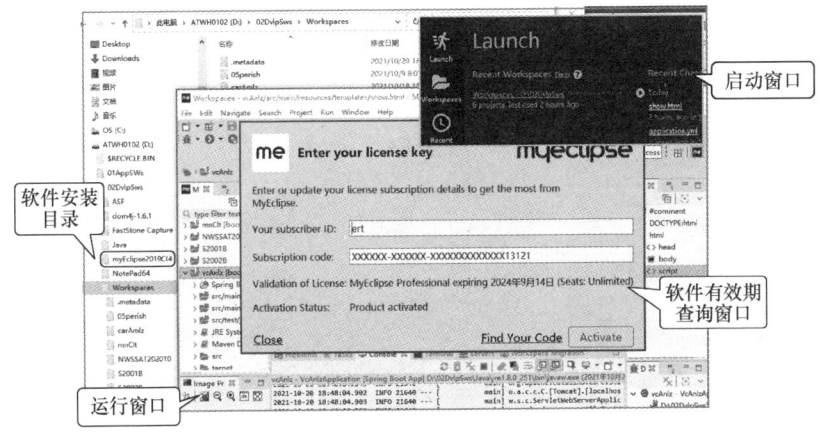

图 1-16

1.4.8 网络调试助手

使用网络调试助手进行 TCP 或 UDP 通信时，需要打开两个网络调试助手窗口：一个窗口作为客户端；另一个窗口作为服务器，如图 1-17 所示。

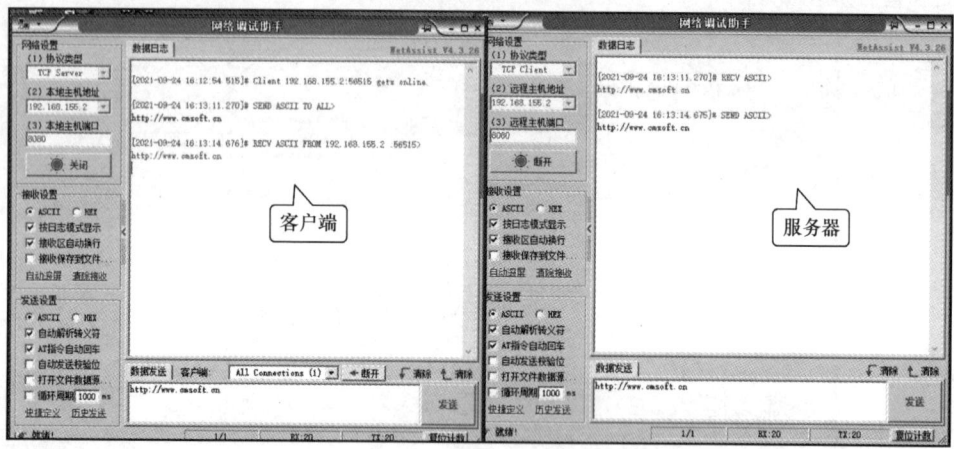

图 1-17

1.5 入门小论文

在完成上述设置后，完成"学习环境准备"小论文，如图 1-18 所示，要求将过程截图，插入文档，并将小论文转换成 PDF 格式，在插入数字签名后，提交至云端教研室。

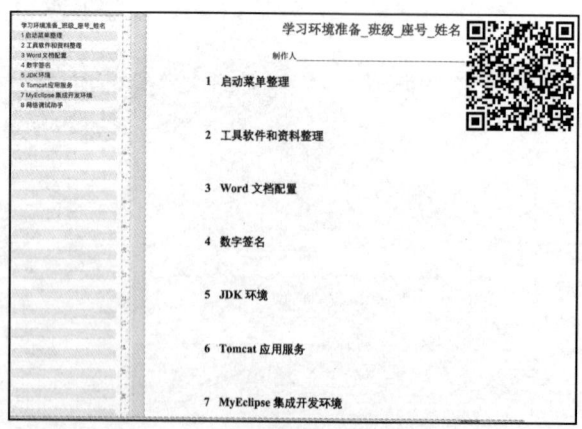

图 1-18

“学习环境准备”成绩表如图 1-19 所示。教师可通过云端教研室上传、公布成绩表。

学习环境准备成绩表__班级

编号	姓名	1[2]	2[2]	3[2]	4[2]	5[2]	6[2]	7[2]	8[2]	文档[2]	签名[2]	内容[2]	合计
0101													
0102													
0103													
0104													
0105													
0106													
0107													
0108													
0109													

图 1-19

政治思想教育

学习《凝聚奋进力量，唱响青春之歌》。

第 2 章

Java 基础训练

本章针对培养目标，梳理所需知识点，精心选择训练任务，体现精训特训。教学方式有如下变化。

- 从"灌输式讲解、重点记忆"方式，转变为"自学式引导"方式。
- 采用通俗易懂的菜鸟教程，从传统的纸质教学变为生动形象、随时训练的线上课堂教学。
- 在教学过程中引入大量实例，引导读者扎实掌握编码、编译、执行、跟踪调试等基本功。

2.1 基础知识

2.1.1 知识点概括

1. 开发环境

- 运行环境：JRE、JDK1.8。
- 集成开发环境：MyEclipse、IntelliJ IDEA。

2. 语言特征

- 面向对象：Java 语言提供类、接口、继承等面向对象的特性。
- 跨平台：Java 程序（后缀为".java"的文件）在 Java 平台上，可被编译为体系结构中立的字节码格式（后缀为".class"的文件），字节码格式的 Java 程序能在 Java 平台的任何系统中运行。
- 解释型语言：在运行字节码格式的 Java 程序时，Java 平台上的解释器对这些字节码进行解释执行，在执行过程中，需要的类在连接时被载入运行环境。图 2-1 为 Java 源程序与编译型源程序运行时的区别。可以看出，Java 源程序比编译型源程序多了"解释执行"的步骤。

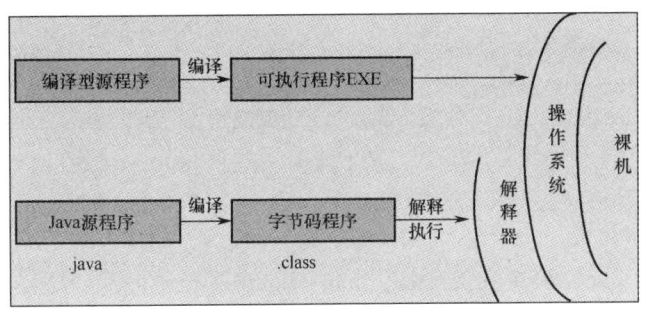

图 2-1

➢ 基本语法：大小写敏感，主方法为程序的入口，主方法的结构如图 2-2 所示。

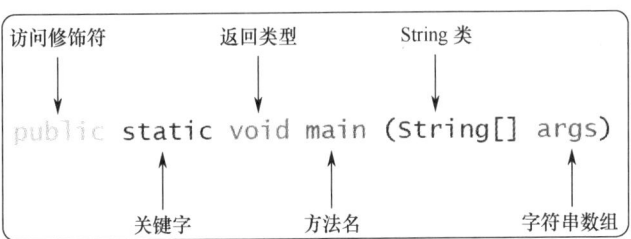

图 2-2

3．数据类型

内置数据类型有如下四种。

➢ 整数型：byte、short、int、long。
➢ 浮点型：float、double。
➢ 字符型：char。
➢ 布尔型：boolean。

常用的引用数据类型有如下两种。

➢ 面向对象：class、interface。

➢ 数据结构：array、arraylist、set。

内置数据类型及其隐式类型转换如图2-3所示。

```
低 ---------------------------------------> 高

byte,short,char-> int -> long-> float -> double
```

图 2-3

4. 常量和变量

➢ 常量（固定的变量）：static final、enum、interface。
➢ 变量：类变量、实例变量、局部变量。

图2-4展示了常见的变量类型。

```
public class Variable{
    static int allClicks=0;      // 类变量
    String str="hello world";    // 实例变量
    public void method(){
        int i =0;                // 局部变量
    }
}
```

图 2-4

5. 修饰符

➢ 访问类：public、private、protected。
➢ 非访问类：static 和 final 具有存储性，abstract 具有抽象性，synchronized 和 volatile 用于描述线程。

6. 运算控制符

➢ 算术运算：+、-、*、/、%、++、--。
➢ 关系运算：==、!=、<、>、>=、<=。
➢ 位运算：&、|、^、~、<<、>>、>>>。
➢ 逻辑运算：&&、||、!。
➢ 赋值运算：=、+=、-=、*=、/=、%=、<<=、>>=、&=、^=、|=。
➢ 条件运算：?:[variable x = (express)? (value if true):(value if false)]。
➢ instanceof 运算：(object reference variable) instanceof (class / interface type)。

7. 流程控制
- ➢ 循环：for、while、do…while。
- ➢ 条件：if、if…else。
- ➢ 选择：switch case。

2.1.2 学习入口

1. 菜鸟教程→Java 教程→Java 基础语法

选择"菜鸟教程"→"Java 教程"→"Java 基础语法"，可打开如图 2-5 所示的窗口。

图 2-5

（1）基础语法

编写 Java 程序时，应注意以下内容。

- ➢ 大小写敏感：Java 语言是字母大小写敏感的，标识符 Hello 与 hello 是不同的。
- ➢ 类名：对所有类来说，类名的首字母应该大写。如果类名由若干单词组成，则每个单词的首字母都应大写，如 MyFirstJavaClass。
- ➢ 方法名：所有方法名都应以小写字母开头。如果方法名含有若干单词，则后面的每个单词首字母都应大写。

- 源文件名：源文件名必须和类名相同。当保存文件时，应使用类名作为文件名保存，文件名的后缀为".java"。
- 主方法：所有的 Java 程序均由主方法开始执行。

(2) 标识符

Java 的所有组成部分都需要名字。类名、变量名和方法名都被称为标识符。关于 Java 标识符，需要注意以下几点。

- 所有的标识符都应该以大写字母、小写字母、美元符（$）或者下画线（_）作为首字符。首字符之后可以是任何字符的组合。
- 关键字不能用作标识符。
- 标识符是大小写敏感的。

2. 菜鸟教程→Java 教程→Java 基本数据类型/Java 变量类型

变量本质上代表了存储数据的内存空间。也就是说，当创建变量时，需要在内存中申请空间。内存管理系统根据变量的类型为变量分配存储空间，分配的存储空间只能用来存储该类型的变量。因此，通过定义不同类型的变量，可以在内存中存储整数、小数或字符。Java 变量分为两大数据类型：内置数据类型和引用数据类型。

(1) 内置数据类型

Java 语言提供了如下 8 种基本的内置数据类型：6 种数字型（4 种整数型和 2 种浮点型）、1 种字符型和 1 种布尔型。

- byte 数据类型：8 位、有符号、以二进制补码表示的整数。
- short 数据类型：16 位、有符号、以二进制补码表示的整数。
- int 数据类型：32 位、有符号、以二进制补码表示的整数。
- long 数据类型：64 位、有符号、以二进制补码表示的整数。
- float 数据类型：32 位、单精度、符合 IEEE 754 标准的浮点数。
- double 数据类型：64 位、双精度、符合 IEEE 754 标准的浮点数。
- char 数据类型：16 位的 Unicode 字符，可以存储任意字符。
- boolean 数据类型：只有 true 和 false 两个取值。

整数型、浮点型和字符型的数据可以混合运算。运算时，不同类型的数据先转化为同一类型的数据后，再进行运算。

第 2 章 Java 基础训练

（2）引用数据类型

在 Java 语言中，引用数据类型的变量被称为引用变量，它类似于 C 语言的指针。声明时，引用变量需被指定为一个特定的类型，一旦声明，类型就不能改变了。引用数据类型包括类、接口、数组、枚举、注解和字符串等。所有引用变量的默认值都是 null。

3. 菜鸟教程→Java 教程→Java 方法/ Java 修饰符

（1）方法的定义

方法是共同执行一个功能的语句的集合。方法是解决一类问题的步骤的有序组合。方法包含在类或对象中，在程序中被创建，在其他地方被引用。

（2）方法的命名规则

方法名字的第一个单词应以小写字母开头，后面的单词用大写字母开头，不使用连接符，如 addPerson。

在 JUnit 框架的测试方法名称中，可能出现用下画线分隔名称的逻辑组件，如 testPop_emptyStack。

（3）方法的表示形式

方法包含方法头和方法体。方法的结构如图 2-6 所示。

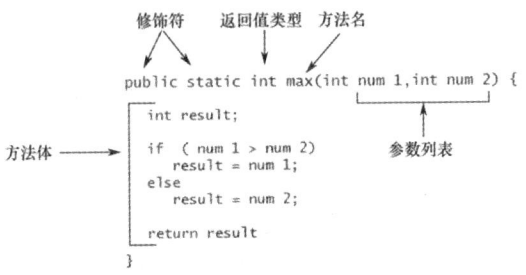

图 2-6

- 修饰符：告诉编译器如何调用方法，定义方法的访问类型。
- 返回值类型：方法可能会返回值，returnValueType 是方法返回值的数据类型。有些方法虽然已经执行，但没有返回值，在这种情况下，returnValueType 是关键字 void。
- 方法名：方法的实际名称。方法名和参数列表共同构成方法签名。

➢ 参数列表：参数像一个占位符，当方法被调用时，方法会传递值给参数，这个值被称为实参或变量。参数列表是指方法的参数类型、顺序、个数。参数是可选的。方法可以不包含任何参数。
➢ 方法体：包含具体的语句，可定义方法的功能。

（4）修饰符

Java 语言提供多种修饰符，主要分为访问控制修饰符和非访问修饰符。修饰符用来定义类、方法或者变量，通常放在语句的最前端。这里主要介绍访问控制修饰符。

在 Java 语言中可以使用访问控制修饰符设置类、变量、方法及构造方法的访问权限。Java 语言支持如下访问控制修饰符。

➢ default：在同一包内可见，不使用任何修饰符，可对类、接口、变量、方法使用。
➢ private：在同一类内可见，可对变量、方法使用。
➢ public：对所有类可见，可对类、接口、变量、方法使用。
➢ protected：对同一包内的类和所有子类可见，可对变量、方法使用。

注意

protected 不能用于修饰类。

4. 菜鸟教程→Java 教程→Java 循环结构

Java 有三种主要的循环结构：while 循环、do...while 循环和 for 循环。

（1）while 循环

while 是最基本的循环，语法为

```
while(布尔表达式) { //循环内容 }
```

只要布尔表达式为 true，循环就会一直执行下去。

（2）do...while 循环

对于 while 循环而言，如果不满足条件，则不能进入循环。但在 do...while 循环中，即使不满足条件，也至少会执行一次循环内容。do...while 循环的语法为

```
do {
    //循环内容
}while(布尔表达式);
```

do...while 循环和 while 循环相似。不同的是，do...while 循环至少会执行一次循环内容。

（3）for 循环

虽然所有循环结构都可以用 while 或者 do...while 循环表示，但 Java 语言提供了另一种循环语句，即 for 循环，使循环结构变得更加简单。for 循环执行的循环次数是在执行前就确定的。for 循环的语法为

```
for(初始化; 布尔表达式; 更新) {
    //循环内容
}
```

小知识

break 用在循环语句或 switch 语句中，用于跳出整个语句块。使用 break 可跳出最里层的循环，并继续执行循环体下面的语句。

5. 菜鸟教程→Java 教程→Java 条件语句

（1）if 语句

if 语句包含一个布尔表达式和一条或多条语句。if 语句的语法为

```
if(布尔表达式)
{
    //如果布尔表达式为 true，则执行该语句
}
```

（2）if...else 语句

if 语句可以与 else 语句组合使用。当 if 语句的布尔表达式值为 false 时，else 语句块会被执行。If...else 语句的语法为

```
if(布尔表达式){
    //如果布尔表达式的值为 true，则执行该语句
}else{
    //如果布尔表达式的值为 false，则执行该语句
}
```

6. 菜鸟教程→Java 教程→Java switch case

switch case 语句包括 switch 语句和 case 语句，语法为

```
switch(expression) {
  case value :
    //语句
    break;      //可选
  case value :
    //语句
    break;      //可选
  //可以有任意数量的 case 语句
  default :   //可选
    //语句
}
```

使用 switch case 语句时，应注意以下内容。

➢ switch 语句中变量的类型可以是 byte、short、int 或 char。从 Java SE 7 开始，switch 语句支持字符串类型。
➢ switch 语句可以拥有多个 case 语句，每个 case 关键字后面跟一个要比较的值和冒号。
➢ case 语句中的值的数据类型必须与变量的数据类型相同，而且只能是常量或者字面常量。
➢ 当变量的值与 case 语句的值相等时，会执行 case 语句之后的语句，直到 break 语句出现时，才会跳出 switch 语句。
➢ 当遇到 break 语句时，switch 语句终止，程序跳转到 switch 语句后面的语句继续执行。case 语句不一定会包含 break 语句。如果没有 break 语句出现，则程序会继续执行下一条 case 语句，直到出现 break 语句。
➢ switch 语句可以包含一个 default 分支，该分支一般是 switch 语句的最后一个分支，可以出现在 switch 语句的任何位置，建议是最后一条语句。当 case 语句的值和变量值都不相等时，执行 default 分支，default 分支不需要 break 语句。

2.1.3 关键说明

1. Java 关键字

Java 关键字类别及其说明如表 2-1 所示。

表 2-1 Java 关键字类别及其说明

类别	关键字	说明
访问控制	private	私有的
	protected	受保护的
	public	公共的
	default	默认的
类、方法和变量修饰符	abstract	声明抽象
	class	类
	extends	继承
	final	最终值，该值不可改变
	implements	实现（接口）
	interface	接口
	native	本地的原生方法
	new	创建
	static	静态的
	strictfp	精确浮点
	synchronized	同步的线程
	transient	短暂的
	volatile	不稳定的，修饰线程
控制语句	break	跳出循环
	case	定义一个值供 switch 选择
	continue	继续
	do	运行
	else	否则
	for	循环
	if	如果
	instanceof	实例
	return	返回
	switch	根据值选择执行
	while	循环
错误处理	assert	断言验证表达式是否为真
	catch	捕捉异常
	finally	无论是否有异常，都执行语句
	throw	抛出一个异常对象

(续表)

类　别	关　键　字	说　明
错误处理	throws	声明一个异常可能被抛出
	try	捕获异常
包机制	import	引入
	package	包
内置数据类型	boolean	布尔型
	byte	字节型
	char	字符型
	double	双精度浮点型
	float	单精度浮点型
	int	整型
	long	长整型
	short	短整型
变量引用	super	父类、超类
	this	本类
	void	无返回值
保留关键字	goto	目前已无法使用
	const	目前已无法使用

2．运算符

Java提供了丰富的运算符操纵变量。Java运算符大致可分为算术运算符、关系运算符、位运算符、逻辑运算符、赋值运算符和其他运算符。Java运算符类别及其运算顺序如表2-2所示。

表2-2　Java运算符类别及其运算顺序

类　别	运　算　符	运算顺序
后缀	() [] .(点操作符)	左到右
一元	expr++　expr--	左到右
一元	++expr　--expr　+　-　~　!	右到左
乘性	*　/　%	左到右
加性	+　-	左到右
移位	>>　>>>　<<	左到右
关系	>　>=　<　<=	左到右

第 2 章　Java 基础训练

（续表）

类　　别	运　算　符	运 算 顺 序
相等	== !=	左到右
按位与	&	左到右
按位异或	^	左到右
按位或	|	左到右
逻辑与	&&	左到右
逻辑或	||	左到右
条件	?:	右到左
赋值	= += -= *= /= %= >>= <<= &= ^= |=	右到左
逗号	,	左到右

2.1.4　实例操作训练

菜鸟教程→Java 教程→Java 实例→Java 数组。
菜鸟教程→Java 教程→Java 实例→Java 方法。

菜鸟教程的实例列表如图 2-7 所示，选取其中的实例，分别在 JDK 和 IDE 两种开发环境下进行操作训练，包括编辑、编译和执行程序。

```
Java 数组                              Java 方法
 1. Java 实例 – 数组排序及元素查找      1. Java 实例 – 方法重载
 2. Java 实例 – 数组添加元素            2. Java 实例 – 输出数组元素
 3. Java 实例 – 获取数组长度            3. Java 实例 – 汉诺塔算法
 4. Java 实例 – 数组反转                4. Java 实例 – 斐波那契数列
 5. Java 实例 – 数组输出                5. Java 实例 – 阶乘
 6. Java 实例 – 数组获取最大和最小值    6. Java 实例 – 方法覆盖
 7. Java 实例 – 数组合并                7. Java 实例 – instanceOf 关键字用法
 8. Java 实例 – 数组填充                8. Java 实例 – break 关键字用法
 9. Java 实例 – 数组扩容                9. Java 实例 – continue 关键字用法
10. Java 实例 – 查找数组中的重复元素   10. Java 实例 – 标签(Label)
11. Java 实例 – 删除数组元素           11. Java 实例 – enum 和 switch 语句使用
12. Java 实例 – 数组差集               12. Java 实例 – Enum（枚举）构造函数及方法的使用
13. Java 实例 – 数组交集               13. Java 实例 – for 和 foreach 循环使用
14. Java 实例 – 在数组中查找指定元素   14. Java 实例 – Varargs 可变参数使用
15. Java 实例 – 判断数组是否相等       15. Java 实例 – 重载(overloading)方法中使用 Varargs
16. Java 实例 – 数组并集
```

图 2-7

Java 语言及其应用实操

1. JDK 教学互动

选取 Notepad++ 作为编辑器，在命令行终端窗口编译、执行程序。

> **提示**
>
> 本书仅展示编写代码时的重要步骤和结果，不展示详细代码，相关实例可以在菜鸟教程中查看。

实例 1：数组反转

数组反转的代码如图 2-8 所示。

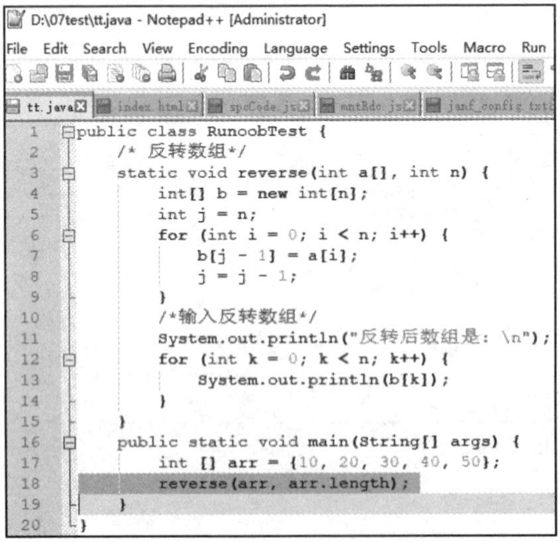

图 2-8

编译、执行代码后的结果如图 2-9 所示。

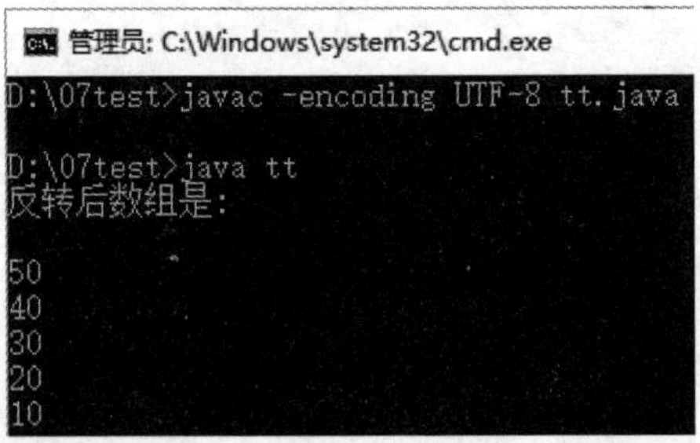

图 2-9

实例 2：数组合并

数组合并的代码如图 2-10 所示。编译、执行代码后的结果如图 2-11 所示。

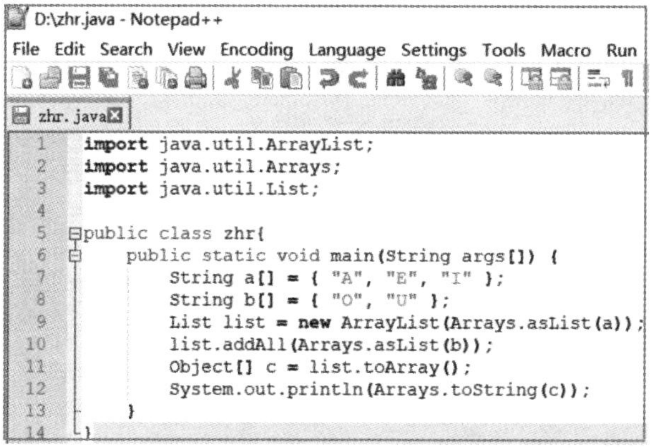

图 2-10

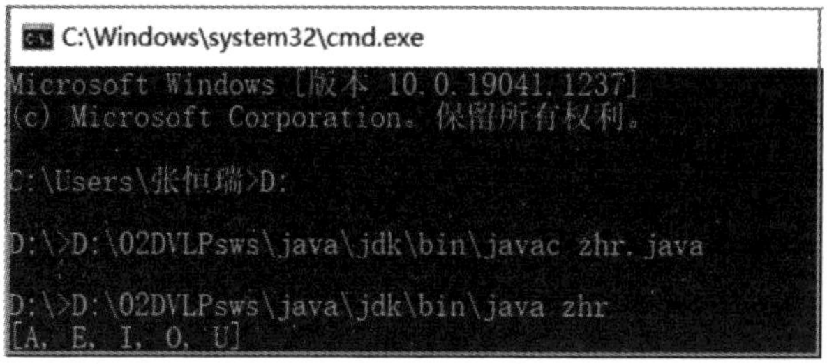

图 2-11

2．IDE 教学互动

在 MyEclipse 下，首先创建项目工程，然后在项目工程的 src 文件夹下创建 package 文件夹，最后在 package 文件夹下创建 Java 文件。

实例 1：阶乘实现

一个正整数的阶乘（factorial）是所有小于或等于该数的正整数的乘积，且 0 的阶乘为 1。自然数 n 的阶乘写作 n!。

阶乘实现的代码和执行结果如图 2-12 所示。

Java 语言及其应用实操

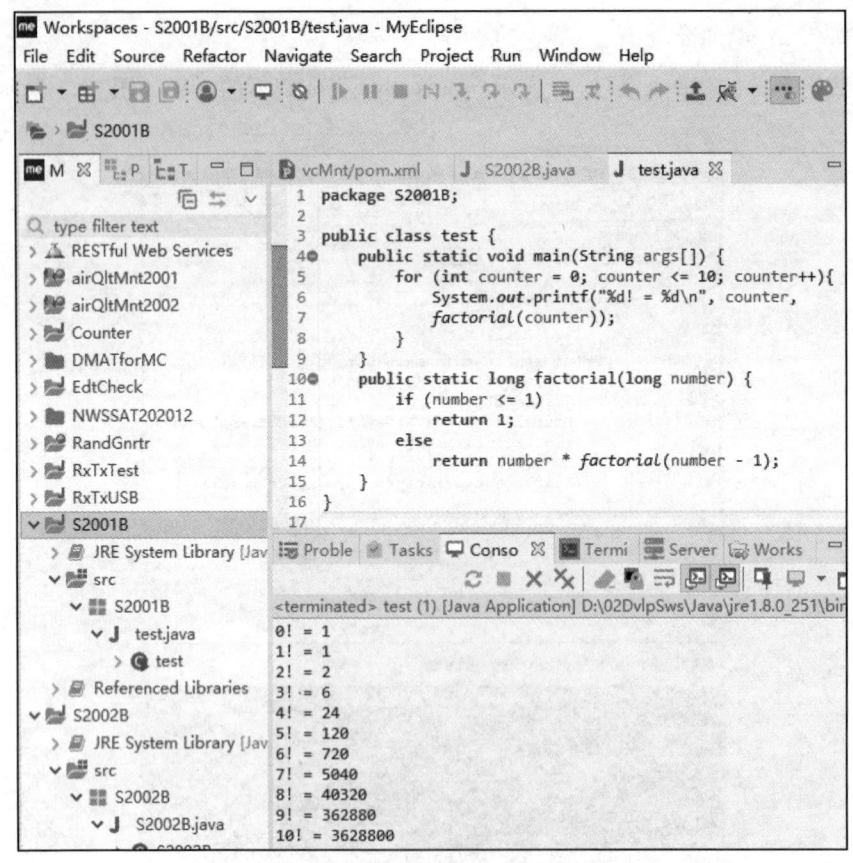

图 2-12

实例 2：查找子字符串

查找子字符串的代码和执行结果如图 2-13 所示。

3. 独立作业训练

从菜鸟教程的 Java 数组实例列表和 Java 方法实例列表中各选取两个实例，分别在 JDK（Java 开发包工具）和 IDE（集成开发环境）两种开发环境下进行操作训练，包括设计、编写、编译、执行和跟踪调试程序等内容，并完成如图 2-14 所示的作业。要求将代码和运行结果截图，插入文档，并转换成 PDF 格式，在插入数字签名后，提交至云端教研室。

第 2 章　Java 基础训练

图 2-13

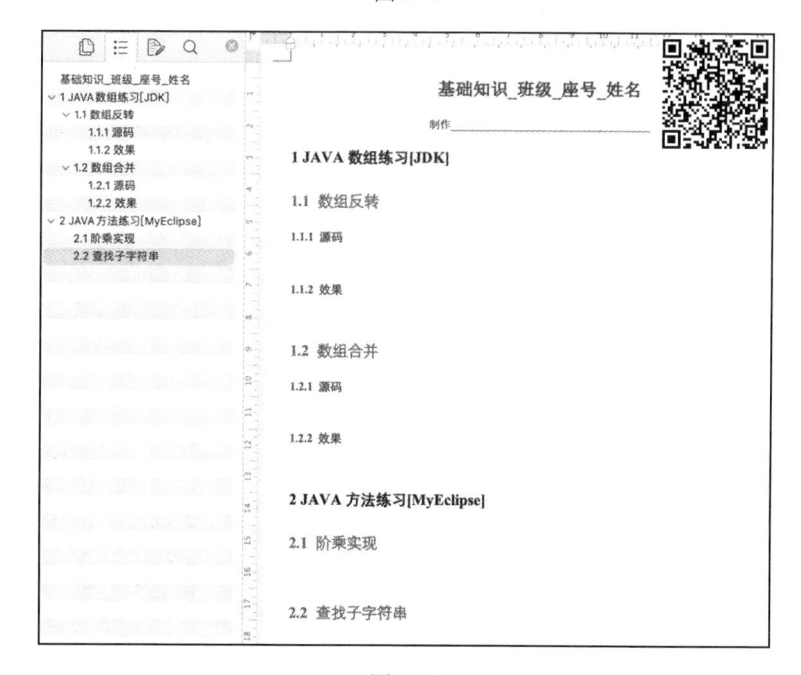

图 2-14

2.2 Java 类基础

2.2.1 知识点概括

1. 类的组成

类包括变量和方法，如图 2-15 所示。

```
package dmMdShowCtrl;
import java.io.PrintWriter;

public class appAct extends ActionSupport        // 应用客户端服务
    implements ServletRequestAware, ServletResponseAware
{   private static final long serialVersionUID = 301L;
    HttpServletRequest       request;              // struts上下文
    HttpServletResponse      response;
    private usrIfmtSvc       usrifmtSvc;           // spring上下文
    private dvcIfmtSvc       dvcifmtSvc;                    ┌──────┐
    private rcdIfmtSvc       rcdifmtSvc;                    │ 变量 │
    private tcpRdcSvc        tcprdcSvc;                     └──────┘

    public void setTcprdcSvc(tcpRdcSvc tcprdcSvc)   // struts依赖注入
    public void setServletRequest
    public void setServletResponse
    public usrIfmtSvc getUsrifmtSvc()               // Spring依赖注入
    public tcpRdcSvc getTcprdcSvc()
    public void setUsrifmtSvc(usrIfmtSvc usrifmtSvc)        ┌──────┐
    public dvcIfmtSvc getDvcifmtSvc()                       │ 方法 │
    public void setDvcifmtSvc(dvcIfmtSvc dvcifmtSvc)        └──────┘
    public rcdIfmtSvc getRcdifmtSvc()
    public void setRcdifmtSvc(rcdIfmtSvc rcdifmtSvc)

    public void appSvc() throws Exception           // action操作
    {   response.addHeader("Access-Control-Allow-Origin", "*"); // 跨域访问允许
        request.setCharacterEncoding("utf-8");                  // 前后台统一编码,防止汉字乱码
        response.setContentType("text/html;charset=utf-8");
        ApplicationContext ct = WebApplicationContextUtils      // 数据库操作准备
                .getWebApplicationContext(ServletActionContext
```

图 2-15

2. 类的运用

- 对象的创建：实例化对象并设置初始值。
- 重写与重载：在类中，常常会对方法进行重写与重载。图 2-16 为重写和重载的区别。
- 引用：对象访问属性或方法的过程被称为引用。图 2-17 为对象的引用示例。

第 2 章　Java 基础训练

```
Overriding 重写
class Dog{
    public void bark(){
        System.out.println("woof ");
    }
}                                   方法名与参数都一样
class Hound extends Dog{
    public void sniff(){
        System.out.println("sniff ");
    }
    public void bark(){
        System.out.println("bowl");
    }
}
```

```
Overloading 重载
class Dog{
    public void bark(){
        System.out.println("woof ");
    }                               方法名相同，参数不同
    //overloading method
    public void bark(int num){
        for(int i=0; i<num; i++)
            System.out.println("woof ");
    }
}
```

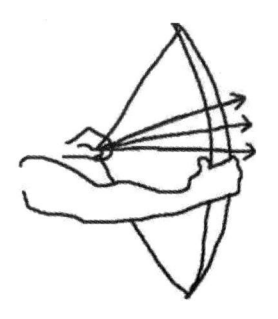

图 2-16

```
Object referenceVariable = new Constructor("123");/* 实例化对象 */
referenceVariable.variableName;           /* 访问类中的变量 */
referenceVariable.methodName();           /* 访问类中的方法 */
```

图 2-17

3．包的运用

➢ 创建包：使用关键字 package。
➢ 引用包：使用关键字 import。

4．类的继承

Java 语言可通过类的继承，避免代码重复。

➢ 单继承：使用关键字 extends 和 supper。
➢ 抽象类继承：使用关键字 abstract，并实现方法。
➢ 接口继承：使用关键字 implement。

图 2-18 和图 2-19 分别为抽象类的定义接口示例和实现接口示例。

```
package serviceInterface;

import java.util.List;

public interface dvcIfmtSvc                              // 接口:信息的发布与管理
{   public abstract void insertdvcIfmt(dvcIfmt dvcifmt);  // 新增服务
    public abstract void changedvcIfmt(dvcIfmt dvcifmt);  // 修改服务
    public abstract void deletedvcIfmt(dvcIfmt dvcifmt);  // 删除服务
    public abstract List<dvcIfmt> listdvcIfmt();          // 查询服务
    public abstract dvcIfmt listdvcIfmtByOnlyClm          // 查询服务
        (String ppt, Object value);
    public abstract boolean checkdvcIfmt(dvcIfmt dvcifmt); // 检查服务
    public abstract String getMessage();                   // 消息服务
    public abstract void setMessage(String message);       // 消息服务
}
```

图 2-18

```
package serviceImplement;
import java.util.List;
public class dvcIfmtSvcImpl implements dvcIfmtSvc    // 服务接口实现类:dvcIfmtSvc
{   private String message="初始信息...";
    private dvcIfmtDao dvcifmtDao;

    public dvcIfmtDao getDvcifmtDao()                  // Spring依赖注入
    {   return dvcifmtDao;  }
    public void setDvcifmtDao(dvcIfmtDao dvcifmtDao)
    {   this.dvcifmtDao = dvcifmtDao;  }

    public void insertdvcIfmt(dvcIfmt dvcifmt)         // 新增服务:插入一条
    {   dvcifmtDao.insertdvcIfmt(dvcifmt);  }
    public void changedvcIfmt(dvcIfmt dvcifmt)         // 修改服务:变化一条
    {   dvcifmtDao.changedvcIfmt(dvcifmt);  }
    public void deletedvcIfmt(dvcIfmt dvcifmt)         // 删除服务:去掉一条
    {   dvcifmtDao.deletedvcIfmt(dvcifmt);  }
    public List<dvcIfmt> listdvcIfmt()                 // 查询服务:取得所有
    {   return dvcifmtDao.listdvcIfmt();  }
    public dvcIfmt listdvcIfmtByOnlyClm                // 查询服务:唯一属性
            (String ppt, Object value)
    {   return dvcifmtDao.listdvcIfmtByOnlyClm(ppt, value);  }

    public boolean checkdvcIfmt(dvcIfmt dvcifmt)       // 检查服务:该条记录
    {   dvcIfmt dvcifmtTmp = listdvcIfmtByOnlyClm
                ("dvcSn", dvcifmt.getDvcSn());
        String s1, s2;
        s1 = dvcifmtTmp.getDvcSn();
        s2 = dvcifmt.getDvcSn();
```

图 2-19

5. 类中类

使用内部类可实现类中类。

2.2.2 学习入口

1. 菜鸟教程→Java 教程→Java 对象和类

选择"菜鸟教程"→"Java 教程"→"Java 对象和类",可打开如图 2-20 所示的窗口。

第 2 章　Java 基础训练

图 2-20

Java 程序是一系列对象的集合。这些对象通过调用彼此的方法协同工作。下面介绍 Java 中的重要概念。

➢ 对象：类的一个实例，有状态和行为。例如，一条狗是一个对象，狗的状态有颜色、名字、品种等，狗的行为有摇尾巴、叫、吃等。
➢ 类：描述一类对象的行为和状态。类可以看成是创建 Java 对象的模板。
➢ 实例变量：每个对象都有独特的实例变量，对象的状态由这些实例变量的值决定。

2. 菜鸟教程→Java 教程→Java 继承

选择"菜鸟教程"→"Java 教程"→"Java 继承"，可打开如图 2-21 所示的窗口。

继承是指子类继承父类的状态和行为，使子类对象具有父类的变量和方法，或子类从父类继承方法，使子类具有与父类相同的行为。继承是 Java 面向对象编程技术的一块基石，因为继承允许创建多等级、多层次的类。

继承的语法为
```
class 父类 {
}
class 子类 extends 父类 {
}
```

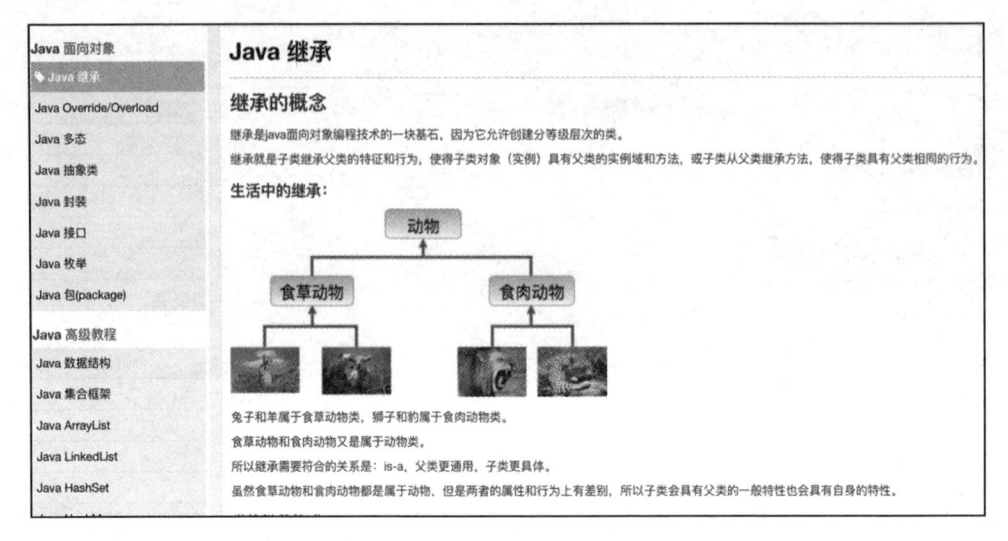

图 2-21

继承有如下特性。

> 子类拥有父类非 private 的变量和方法。
> 子类可以拥有自己的变量和方法，即子类可对父类进行扩展。
> 子类可以用自己的方式实现父类的方法。
> 单继承是指一个子类只能继承一个父类。
> 多重继承通过举例进行说明：例如，B 类继承 A 类，C 类继承 B 类，按照上述继承关系，B 类是 C 类的父类，A 类是 B 类的父类。
> 继承提高了类之间的耦合度，耦合度越高，代码之间的联系越紧密，代码的独立性越差。

3. 菜鸟教程→Java 教程→Java 多态

选择"菜鸟教程"→"Java 教程"→"Java 多态"，可打开如图 2-22 所示的窗口。

多态是指同一个行为具有多个不同表现形式或形态的能力，同一个接口使用不同的实例会执行不同的操作。多态可以定义为同一个事件发生在不同的对象，会产生不同的结果。

多态存在的三个必要条件如下。

> 实现继承。

➢ 实现重写。
➢ 父类引用指向子类对象。

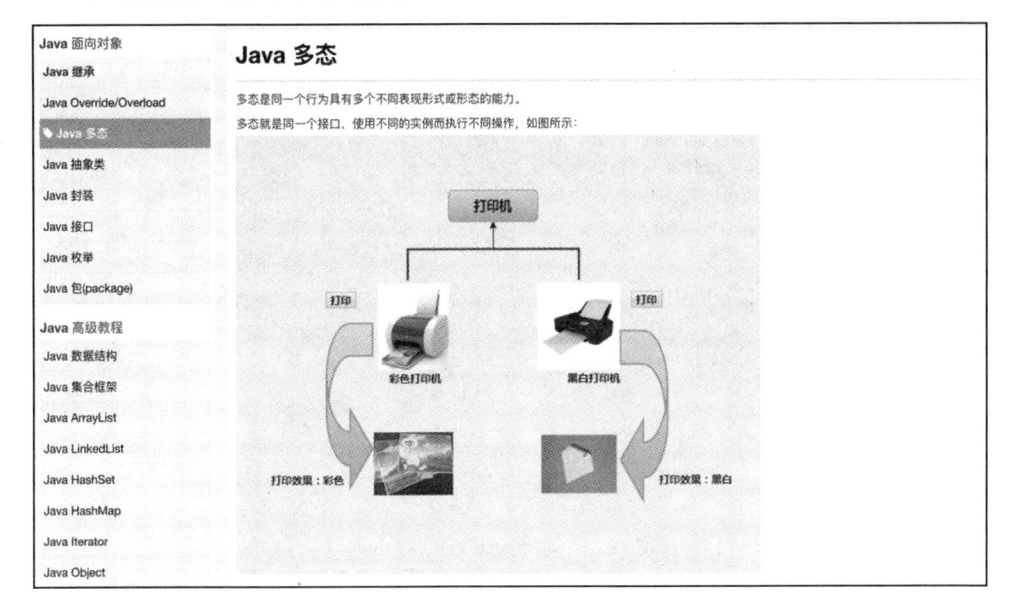

图 2-22

4. 菜鸟教程→Java 教程→Java Override/Overload

选择"菜鸟教程"→"Java 教程"→"Java Override/Overload",可打开如图 2-23 所示的窗口。

重写(override)可定义为子类对父类允许访问的方法进行重新编写,返回值和形参都不能改变。重写的好处在于,子类可以根据需要,定义自己的专属行为。也就是说,子类能根据需要实现父类的方法。

重写的方法不能抛出新的异常,也不能抛出更宽泛的异常。例如,父类的一个方法申明了一个异常 IOException,在重写这个方法时,不能抛出 Exception 异常,因为 Exception 是 IOException 的父类,子类只能抛出 IOException 异常或 IOException 的子类异常,而不能抛出更宽泛的异常。

重载(overload)是指在一个类中,方法的名字相同,参数不同,返回类型可以相同也可以不同。每个被重载的方法或构造函数都必须有独一无二的参数列表。

Java 语言及其应用实操

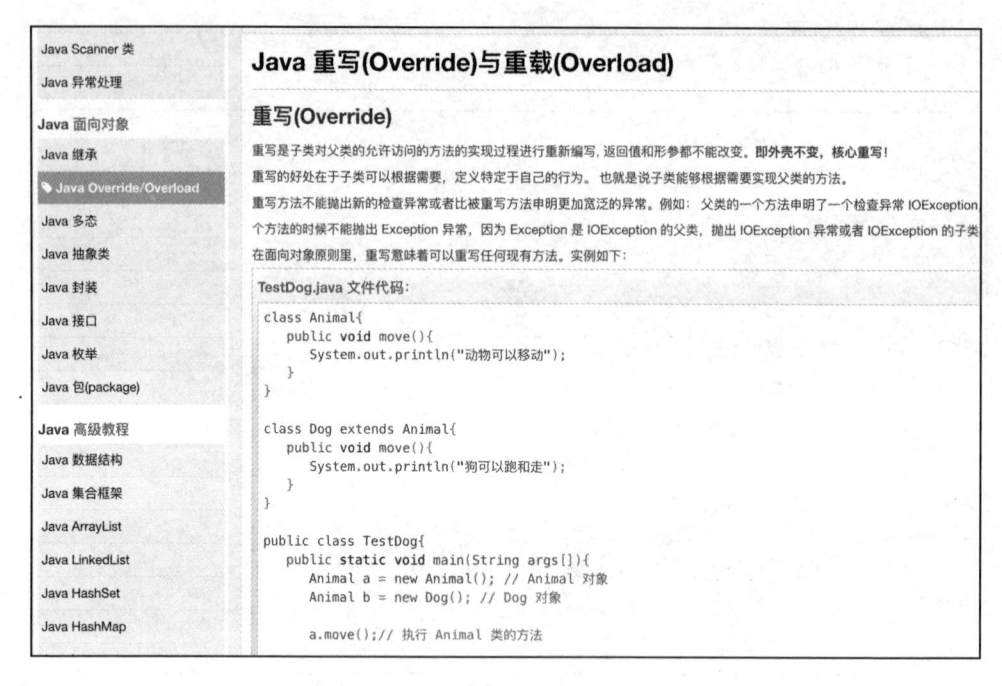

图 2-23

重载时需要注意如下要点。

➢ 被重载的方法必须改变参数列表（参数的个数或类型不一样）。
➢ 被重载的方法可以改变返回类型。
➢ 被重载的方法可以改变访问修饰控制符。
➢ 被重载的方法可以声明新的或更宽泛的异常。

重写方法与重载方法的区别如表 2-3 所示。

表 2-3　重写方法与重载方法的区别

区　别	重载方法是否可以修改	重写方法是否可以修改
参数列表	必须修改	不能修改
返回类型	可以修改	不能修改
异常	可以修改	可以减少或删除异常，不能抛出新的或者范围更广的异常
访问	可以修改	不能有更严格的限制，可以降低访问权限

5. 菜鸟教程→Java 教程→Java 封装

选择"菜鸟教程"→"Java 教程"→"Java 封装",可打开如图 2-24 所示的窗口。

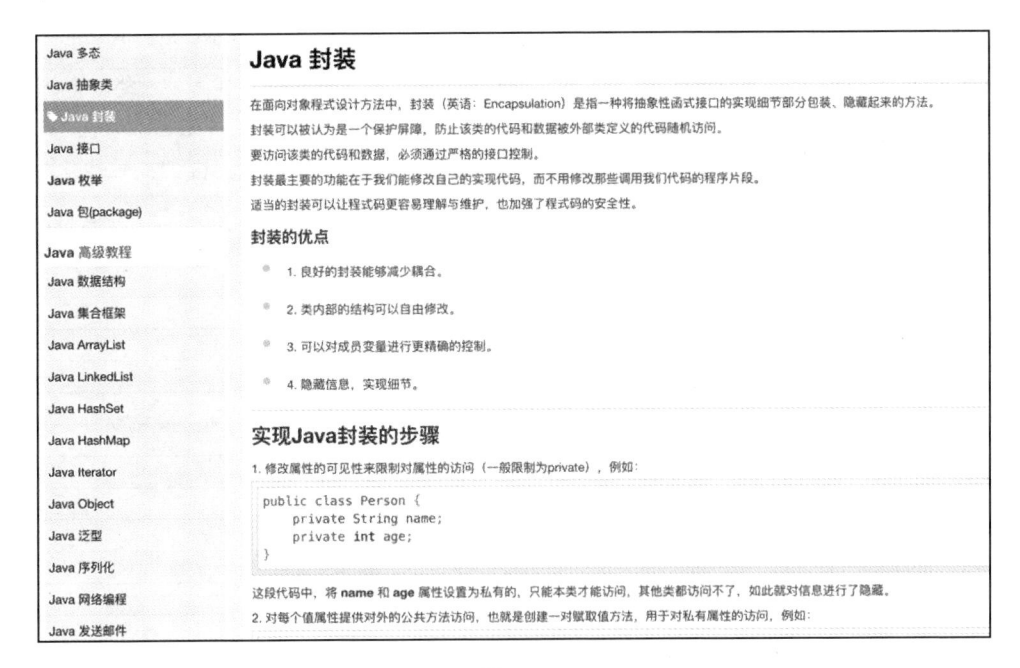

图 2-24

封装（encapsulation）是指一种将抽象性函式接口的实现细节部分包装、隐藏起来的方法。封装可以被认为是一个保护屏障,防止代码和数据被外部类定义的代码随机访问。封装最主要的功能是能修改实现的代码。适当的封装可以让程序更容易理解与维护,提高了程序的安全性。

封装有如下优点。

- ➢ 减少耦合度。
- ➢ 类内部的结构可自由修改。
- ➢ 可对成员变量进行更精确的控制。
- ➢ 在隐藏信息的基础上实现细节。

6. 菜鸟教程→Java 教程→Java 接口

选择"菜鸟教程"→"Java 教程"→"Java 接口",可打开如图 2-25 所示的窗口。

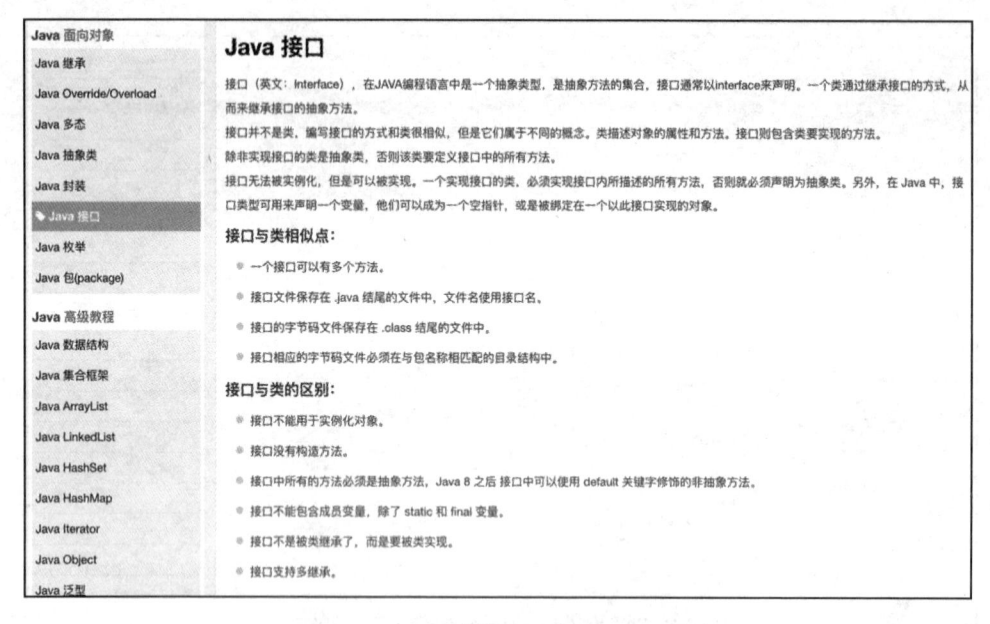

图 2-25

接口(interface)是抽象方法的集合。一个类能通过继承接口的方式继承接口的抽象方法。接口并不是类,虽然编写接口的方式和类很相似,但是它们的概念不同:类描述对象的属性和方法;接口包含类要实现的方法。

接口虽然无法被实例化,但可以被实现。一个实现接口的类,必须实现接口内描述的所有方法,否则就必须声明为抽象类。除此之外,接口可用来声明一个变量,可成为一个空指针,或被绑定在一个实现此接口的对象上。除非实现接口的类是抽象类,否则该类要定义接口中的所有方法。

使用接口时的注意事项如下。

➢ 一个接口可以有多个方法。
➢ 接口文件保存在以".java"结尾的文件中,文件名用接口名命名。
➢ 接口的字节码文件保存在以".class"结尾的文件中。

声明接口的语法为

[可见度] interface 接口名称 [extends 其他的接口名] {
    // 声明变量
    // 抽象方法
}

2.2.3 实例操作训练

> **学习入口** 菜鸟教程→Java 教程→Java 实例→Java 数据结构。

Java 数据结构的实例列表如图 2-26 所示,选取其中的实例,分别在 JDK 和 IDE 两种方式下进行操作训练,包括编辑、编译和执行程序。

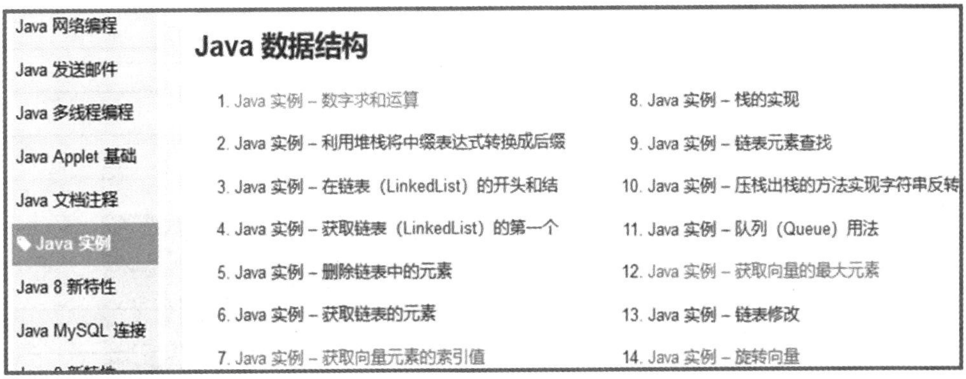

图 2-26

1.JDK 教学互动

实例:类的构造与应用

类的构造与应用的代码如图 2-27 所示。编译、执行代码后的结果如图 2-28 所示。

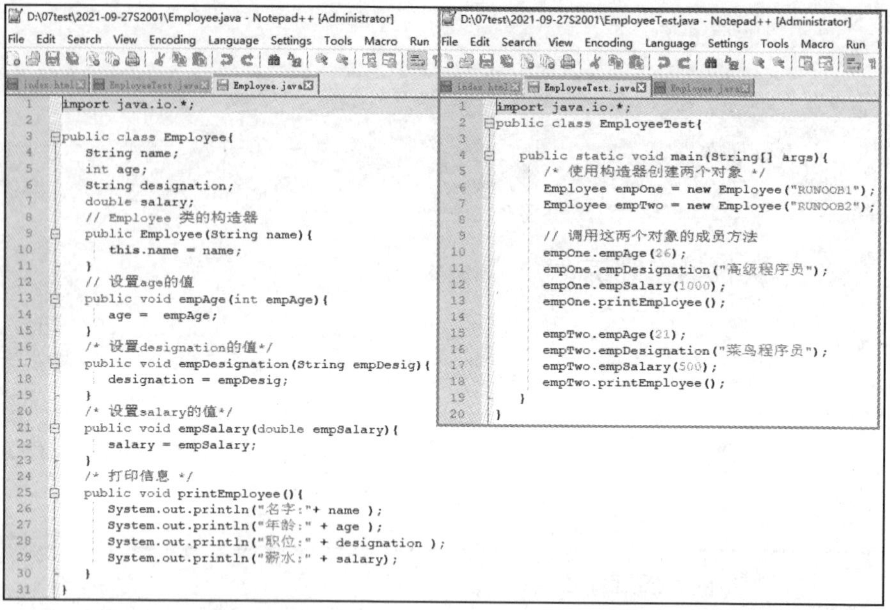

```java
import java.io.*;

public class Employee{
    String name;
    int age;
    String designation;
    double salary;
    // Employee 类的构造器
    public Employee(String name){
        this.name = name;
    }
    // 设置age的值
    public void empAge(int empAge){
        age =  empAge;
    }
    /* 设置designation的值*/
    public void empDesignation(String empDesig){
        designation = empDesig;
    }
    /* 设置salary的值*/
    public void empSalary(double empSalary){
        salary = empSalary;
    }
    /* 打印信息 */
    public void printEmployee(){
        System.out.println("名字:"+ name );
        System.out.println("年龄:" + age );
        System.out.println("职位:" + designation );
        System.out.println("薪水:" + salary);
    }
}
```

```java
import java.io.*;
public class EmployeeTest{

    public static void main(String[] args){
        /* 使用构造器创建两个对象 */
        Employee empOne = new Employee("RUNOOB1");
        Employee empTwo = new Employee("RUNOOB2");

        // 调用这两个对象的成员方法
        empOne.empAge(26);
        empOne.empDesignation("高级程序员");
        empOne.empSalary(1000);
        empOne.printEmployee();

        empTwo.empAge(21);
        empTwo.empDesignation("菜鸟程序员");
        empTwo.empSalary(500);
        empTwo.printEmployee();
    }
}
```

图 2-27

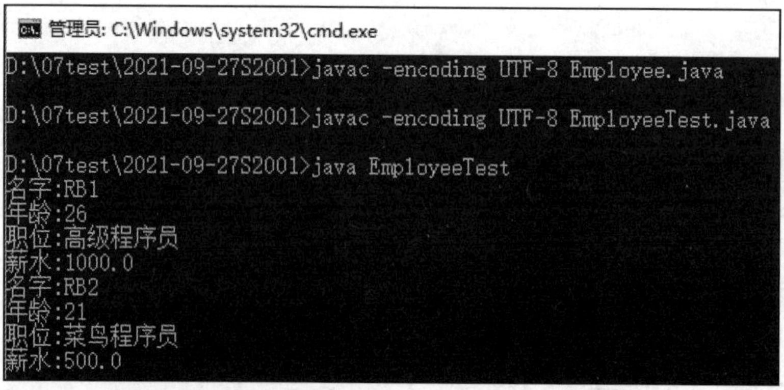

```
管理员: C:\Windows\system32\cmd.exe
D:\07test\2021-09-27S2001>javac -encoding UTF-8 Employee.java

D:\07test\2021-09-27S2001>javac -encoding UTF-8 EmployeeTest.java

D:\07test\2021-09-27S2001>java EmployeeTest
名字:RB1
年龄:26
职位:高级程序员
薪水:1000.0
名字:RB2
年龄:21
职位:菜鸟程序员
薪水:500.0
```

图 2-28

2. IDE 教学互动

实例：获取向量的最大元素

获取向量的最大元素时，使用 Vector 类的 add()方法和 Collection 类的 max()方法，代码和执行结果如图 2-29 所示。

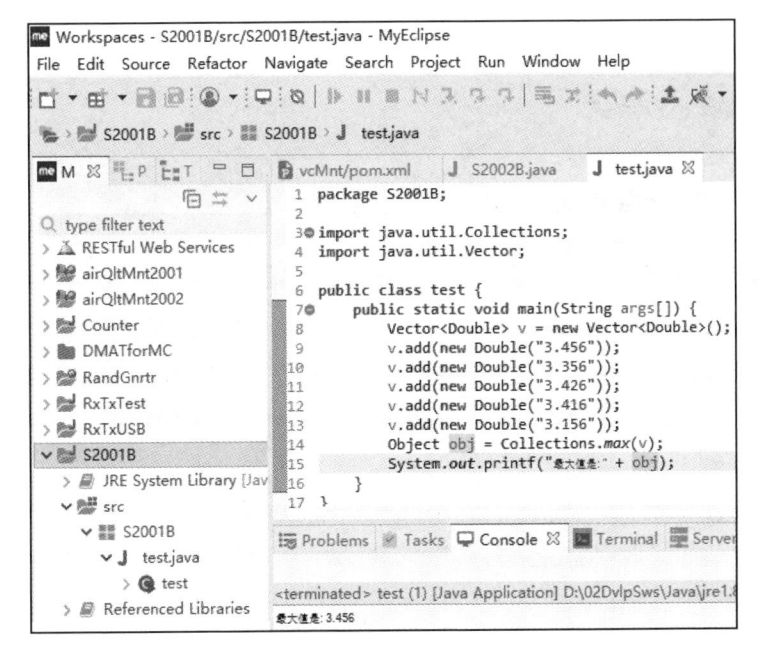

图 2-29

3. 独立作业训练

从 Java 数据结构的实例列表中选取一个实例，分别在 JDK 和 IDE 两种开发环境下进行操作训练，包括设计、编写、编译、执行和跟踪调试程序等内容，完成如图 2-30 所示的作业。要求将代码和运行结果截图，插入文档，并转换成 PDF 格式，在插入数字签名后，提交至云端教研室。

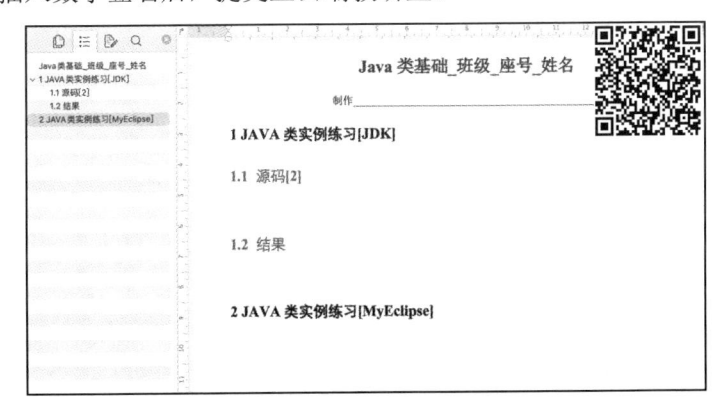

图 2-30

2.3 Java 资源类

2.3.1 知识点概括

1. 常用资源类

(1) 字符类（Character 类）
- 字符与 Character 类对象可互相转换，转义字符包括 "\r" "\n" "\t" "\\" 等。
- 事件方法：字符大小写判断及转换、字母和数字的判断。

(2) 字符串类（String 类）
- 创建字符串：String str = "string"、 String str = new String("string")。
- 比较字符串：equals。
- 剪切字符串：trim。
- 截取字符串：substring。
- 分割字符串：split。
- 连接字符串：concat。
- 检测是否包含字符串：endsWith、startsWith、contains。
- 替换字符串：replace。
- 定位字符在字符串中的位置：indexOf、charAt。
- 字符串的长度：length。

(3) Number 类与包装类
- boolean 和 Boolean。
- char 和 Character。
- byte 和 Byte。
- short 和 Short。
- int 和 Integer。
- long 和 Long。
- float 和 Float。

(4) 数学运算类（Math 类）
- 基础运算：abs、ceil、floor、rint、round、min、max、toDegrees、toRadians。

- 复杂运算：exp、log、pow、sqrt、sin、cos、tan、asin、acos、atan、atan2。
- 随机数：random。

(5) 聚合类
- 迭代访问：ArrayList、HashSet、Iterator。
- 键值对映射的散列表：HashMap。

(6) 时间类
- 日期、时间类（Date 类）：创建、获取、比较、格式化。
- 时间戳类（Timestamp 类）：创建，使用 valueOf()、toString()转换时间类与字符串类。

2. 创建资源类

创建资源类的语法为

```
String str = "string";
String str = new String("string");
Integer i = 10;
Integer i = new Integer(10);
```

3. 资源类的类型转换

(1) 装箱

装箱的语法为

```
int t1 = 12; Integer t2 = t1;
Integer t3 = new Integer(t1);
```

(2) 拆箱

拆箱的语法为

```
int t4 = t2;
int t5 = t2.intValue();
```

(3) 字符串类转换为包装类

使用 Integer.parseInt()和 valueOf()方法将字符串类转换为包装类。图 2-31 为字符串类转换为包装类的示例。

```
s[0] = s[0].substring((s[0].indexOf(',') + 1));            // 湿度
s[1] = s[0].substring(0, s[0].indexOf(','));
if (s[1].equals("")) rcd.setRcdHmdt(0);
else rcd.setRcdHmdt(Integer.parseInt(s[1]));
s[0] = s[0].substring((s[0].indexOf(',') + 1));            // 温度
s[1] = s[0].substring(0, s[0].indexOf(','));
if (s[1].equals("")) rcd.setRcdTprt(0);
else rcd.setRcdTprt(Float.parseFloat(s[1]));
```

图 2-31

（4）包装类转换为字符串类

图 2-32 为包装类转换为字符串类的示例。

```
prmts[0] = String.valueOf(imft.getDvcType());            // 非String类型转换
prmts[1] = imft.getDadUsr().getUsrNm();
prmts[2] = String.valueOf(imft.getDvcSpd());
```

图 2-32

（5）日期类转换为字符串类

如图 2-33 所示，展示了如何将日期类转换为字符串类。

```
Date now = new Date();                                   // 日期-时间
SimpleDateFormat df = new SimpleDateFormat("yyyy-MM-dd HH:mm:ss");
s[1] = df.format(now);
rcd.setRcdDttm(java.sql.Timestamp.valueOf(s[1]));
```

图 2-33

4．聚合类的常用操作

图 2-34 为在聚合类中创建字符串列表的示例。图 2-35 为向聚合类中添加字符串列表的示例。

```
private List<String> rcdDt   = new ArrayList<String>();
private List<String> dvcSns  = new ArrayList<String>();
```

图 2-34

```
s = lstRcd.get(i).getRcdDttm().toString();
s += "," + Integer.toString(lstRcd.get(i).getRcdPm25());
s += "," + Float.toString(lstRcd.get(i).getRcdTvoc());
s += "," + Integer.toString(lstRcd.get(i).getRcdCo2());
s += "," + Float.toString(lstRcd.get(i).getRcdTprt());
s += "," + Integer.toString(lstRcd.get(i).getRcdHmdt());
s += "," + Integer.toString(lstRcd.get(i).getRcdPm10());
s += "," + Float.toString(lstRcd.get(i).getRcdHcho());
rcdDt.add(s);
```

图 2-35

2.3.2 学习入口

1. 菜鸟教程→Java 教程→Java Character 类

选择"菜鸟教程"→"Java 教程"→"Java Character 类",可打开如图 2-36 所示的窗口。

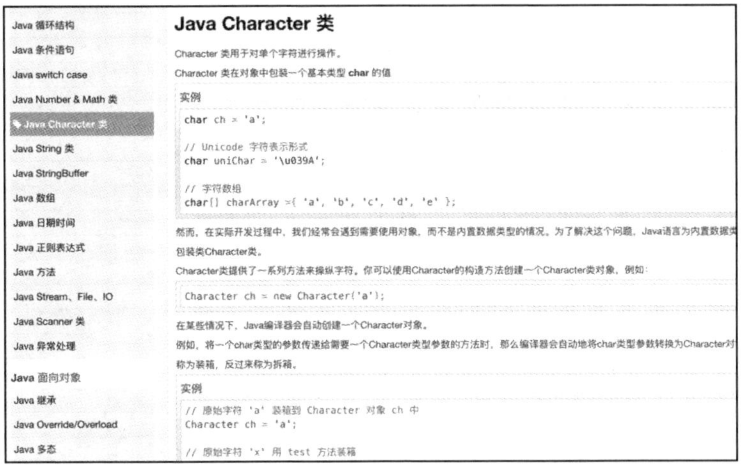

图 2-36

Character 类,即字符类,用于对单个字符进行操作。Character 类在对象中包装一个 char 类型(字符型)的值,语法为

```
char ch = 'a';                              // Unicode 字符表示形式
char uniChar = '\u039A';                    // 字符数组
char[] charArray = { 'a', 'b', 'c', 'd', 'e' };
```

Character 类提供了一系列操纵字符的方法,可使用 Character 类的构造方法创建一个 Character 类对象,语法为

```
Character ch = new Character('a');
```

在特定情况下,Java 编译器会自动创建一个 Character 类对象。例如,编译器会自动将 char 类型的值转换为 Character 类对象,这种操作被称为装箱,反过来被称为拆箱,语法为

```
Character ch = 'a'; // 原始字符 'a' 装箱到 Character 类对象 ch 中
char c = test('x'); // 原始字符 'x' 用 test 方法装箱, 在 'c' 中返回拆箱的值
```

2. 菜鸟教程→Java 教程→Java String 类

选择"菜鸟教程"→"Java 教程"→"Java String 类",可打开如图 2-37 所示的窗口。

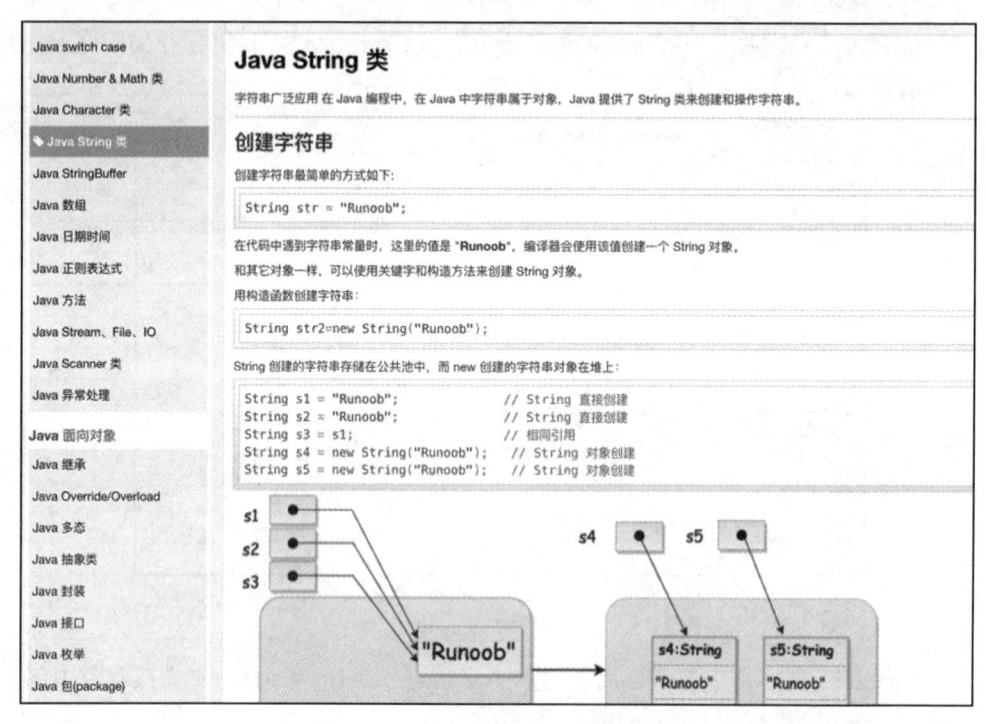

图 2-37

字符串类,即 String 类。Java 提供的字符串类用于创建和操作字符串。

创建字符串最简单的方式为

  String str = "Runoob";

用构造函数创建字符串的方法为

  String str2=new String("Runoob");

String 类创建的字符串对象存储在公共池中,new 关键字创建的字符串对象存储在堆上,语法为

  String s1 = "Runoob";   // String 类直接创建
  String s2 = "Runoob";   // String 类直接创建
  String s3 = s1;   // 引用
  String s4 = new String("Runoob"); // String 对象创建

```
String s5 = new String("Runoob");          // String 对象创建
```

在公共池和堆中创建字符串的示意图如图 2-38 所示。

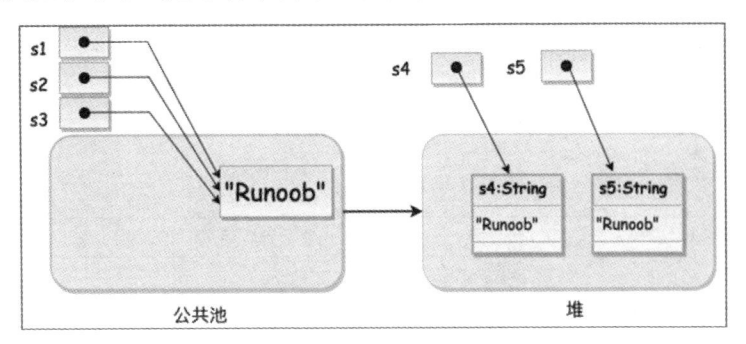

图 2-38

3. 菜鸟教程→Java 教程→Java Number & Math 类

选择"菜鸟教程"→"Java 教程"→"Java Number & Math 类",可打开如图 2-39 所示的窗口。

图 2-39

（1）Number 类

Number 类通常使用内置数据类型，如 byte、int、long、double 等。在实际开发过程中，经常会遇到需要使用对象而不是内置数据类型的情况。为了解决这个问题，Java 语言为每一种内置数据类型提供了对应的包装类，如表 2-4 所示。所有包装类都是 Number 类的子类。

表 2-4　内置数据类型对应的包装类

内置数据类型	包　装　类	内置数据类型	包　装　类
boolean	Boolean	long	Long
byte	Byte	char	Character
short	Short	float	Float
int	Integer	double	Double

图 2-40 为 Number 类的继承关系。

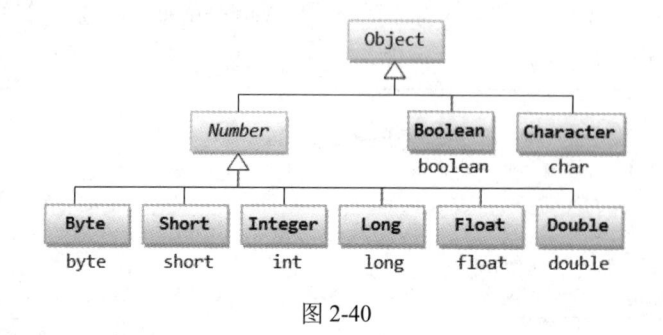

图 2-40

（2）Math 类

Math 类包含用于执行基本数学运算的变量和方法，如初等指数、对数、平方根和三角函数。

Math 类的方法均为 static 形式，通过使用 Math 类，可以在主方法中直接调用 Math 类方法。

4. 菜鸟教程→Java 教程→Java 日期时间

选择"菜鸟教程"→"Java 教程"→"Java 日期时间"，可打开如图 2-41 所示的窗口。

第 2 章　Java 基础训练

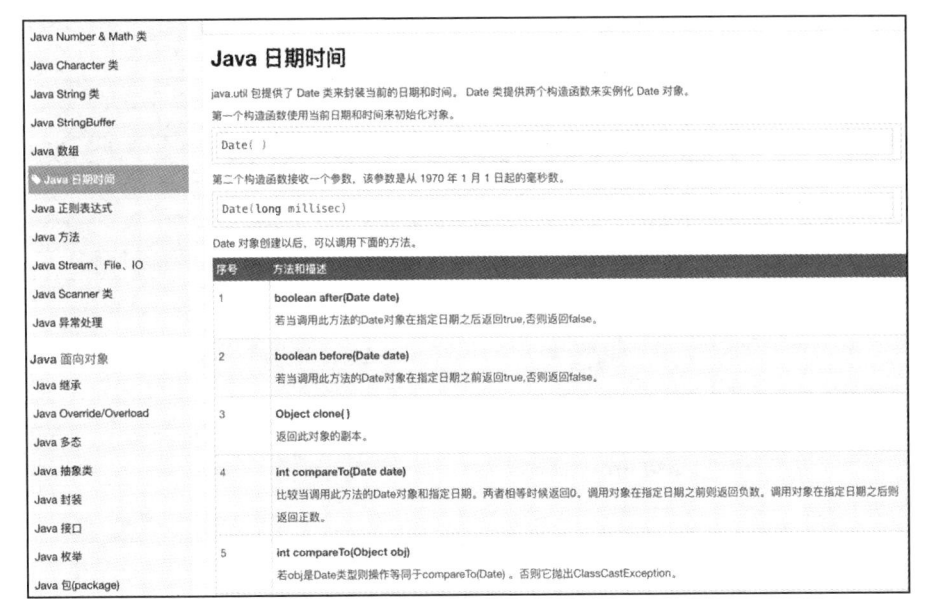

图 2-41

（1）Date 类

Date 类用于封装当前的日期和时间。Date 类提供了两个构造函数，用于实例化 Date 对象。第一个构造函数使用当前的日期和时间初始化对象，语法为

  Date()

第二个构造函数接收一个参数，该参数是从 1970 年 1 月 1 日零时开始的，到当前时间一共经历的毫秒数，该构造函数的语法为

  Date(long millisec)

（2）日期比较

以下两个方法可以比较两个日期。

- getTime()：获取两个日期并进行比较。
- compareTo()：Comparable 接口定义该方法，Date 类实现 Comparable 接口。

（3）SimpleDateFormat 格式化时间

SimpleDateFormat 允许用户自定义时间的格式，语法为

  import java.util.*;
  import java.text.*;

```
public class DateDemo {
    public static void main(String[] args) {
        Date dNow = new Date( );
        SimpleDateFormat ft = new SimpleDateFormat ("yyyy-MM-dd hh:mm:ss");
        System.out.println("当前时间为: " + ft.format(dNow));
    }
}
```

5. 菜鸟教程→Java 教程→Java ArrayList

选择"菜鸟教程"→"Java 教程"→"Java ArrayList",可打开如图 2-42 所示的窗口。

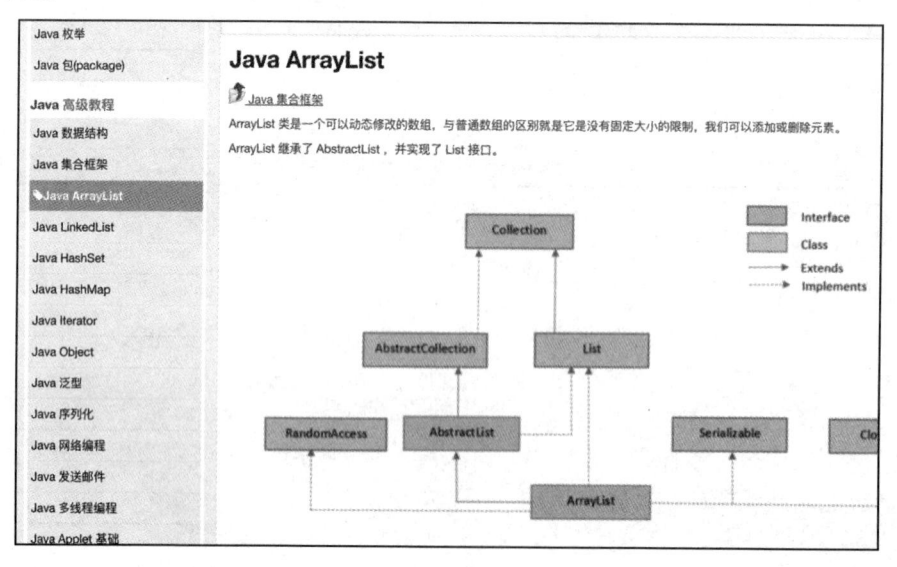

图 2-42

ArrayList 是可以动态修改的数组。与普通数组的区别是,ArrayList 没有限定数组长度,可以添加或删除元素。ArrayList 继承了 AbstractList,并实现了 List 接口。ArrayList 位于 java.util 包中,使用前需要引入 ArrayList,语法为

```
import java.util.ArrayList;                          //引入包
ArrayList<E> objectName =new ArrayList<>();          //初始化 ArrayList
```

在上述代码中,objectName 是指对象名;E 是指泛型数据类型,用于设置 objectName 的数据类型。

ArrayList 提供了添加、删除、修改、遍历等功能。

6. 菜鸟教程→Java 教程→Java HashSet

选择"菜鸟教程"→"Java 教程"→"Java HashSet",可打开如图 2-43 所示的窗口。

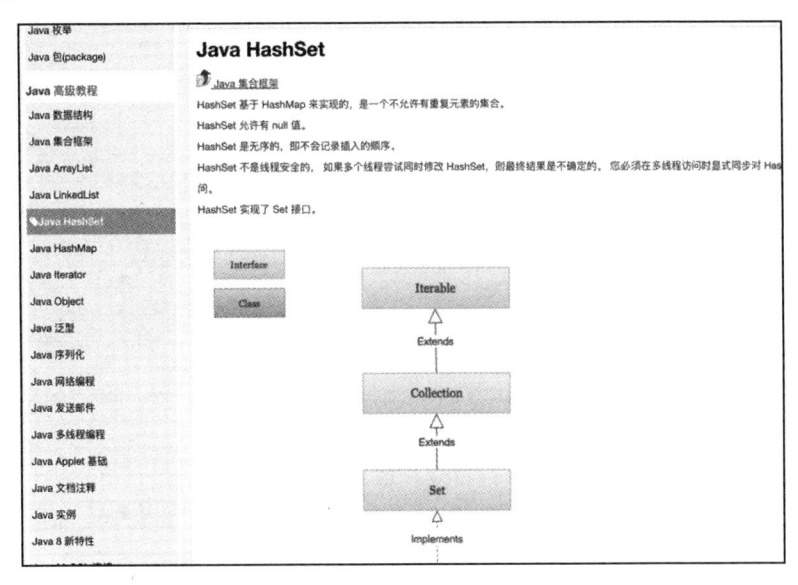

图 2-43

HashSet 基于 HashMap 实现,是一个不允许有重复元素的集合。HashSet 有如下特点。

- ➢ HashSet 可以包含 null 值。
- ➢ HashSet 是无序的,即不会记录数据的插入顺序。
- ➢ HashSet 不是线程安全的。如果多个线程尝试同时修改 HashSet,则最终结果是不确定的。
- ➢ HashSet 实现了 Set 接口。

HashSet 位于 java.util 包中,使用前需要引入 HashSet,语法为

  import java.util.HashSet;   // 引入 HashSet

下面的实例创建了一个 HashSet 的对象,用于保存字符串元素,即

  HashSet\<String\> sites = new HashSet\<String\>();

7. 菜鸟教程→Java 教程→Java HashMap

选择"菜鸟教程"→"Java 教程"→"Java HashMap",可打开如图 2-44 所

示的窗口。

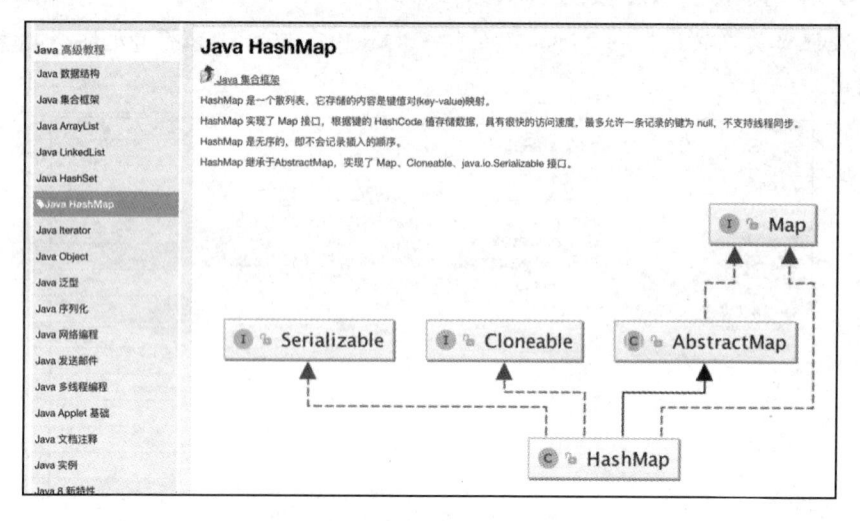

图 2-44

HashMap 是一个散列表，用于存储键值对的映射。HashMap 有如下特点。

➢ HashMap 实现了 Map 接口，根据键的 HashCode 值存储数据，查询速度较快。HashMap 最多允许一条记录的键为 null，且不支持线程同步。

➢ HashMap 是无序的，即不记录数据的插入顺序。

➢ HashMap 继承了 AbstractMap，实现了 Map、Cloneable 和 Serializable 接口，如图 2-45 所示。

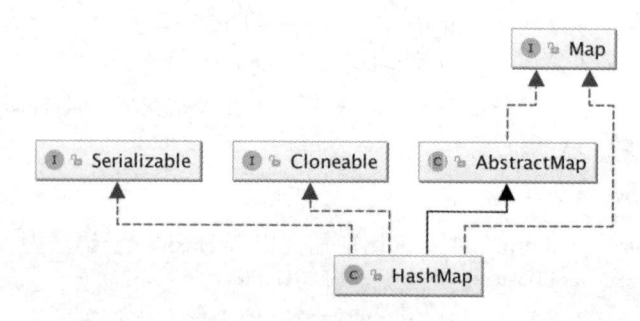

图 2-45

HashMap 位于 java.util 包中，使用前需要引入 HashMap，语法为
  import java.util.HashMap; // 引入 HashMap

下面的实例创建了一个 HashMap 的对象，键的类型为 Integer，值的类型为

String，即

  HashMap<Integer, String> Sites = new HashMap<Integer, String>();

HashMap 提供了很多有用的方法，例如，可以使用 put()方法添加键值对，语法为

```
import java.util.HashMap;  // 引入 HashMap
public class RunoobTest {
    public static void main(String[] args) {
        // 创建 HashMap 的对象
        HashMap<Integer, String> Sites = new HashMap<Integer, String>();
        // 添加键值对
        Sites.put(1, "Google");
        Sites.put(2, "Runoob");
        Sites.put(3, "Taobao");
        Sites.put(4, "Zhihu");
        System.out.println(Sites);
    }
}
```

8. 菜鸟教程→Java 教程→Java Iterator

选择"菜鸟教程"→"Java 教程"→"Java Iterator"，可打开如图 2-46 所示的窗口。

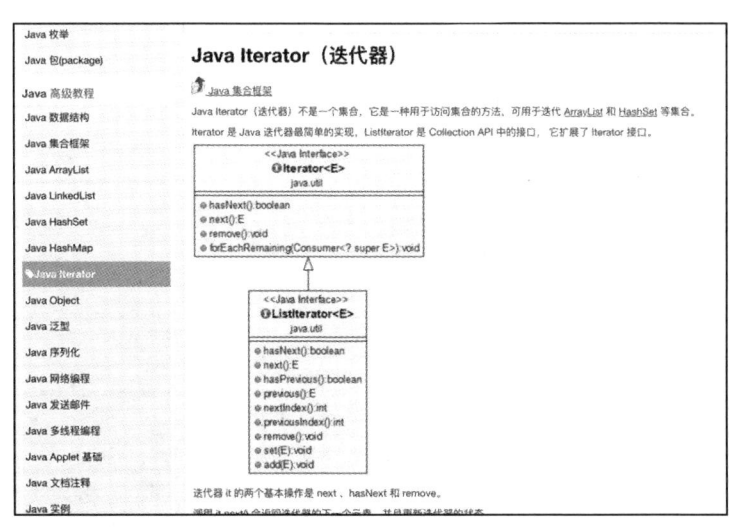

图 2-46

Iterator，即迭代器，不是一个集合，而是一种用于访问集合的方法，可用于迭代 ArrayList、HashSet 等集合。

迭代器的基本方法包括 next()、hasNext()和 remove()。

> 调用 next()：返回迭代器的下一个元素，并更新迭代器的状态。
> 调用 hasNext()：检测集合中是否还有元素。
> 调用 remove()：将迭代器返回的元素删除。

Iterator 位于 java.util 包中，使用前需要引入 Iterator，语法为

  import java.util.Iterator;   // 引入 Iterator

2.3.3 关键说明

1. 字符类与字符串类

字符类支持的方法及其描述如表 2-5 所示。

表 2-5 字符类支持的方法及其描述

方 法	描 述
isLetter()	是否是一个字母
isDigit()	是否是一个数字字符
isWhitespace()	是否是一个空白字符
isUpperCase()	是否是大写字母
isLowerCase()	是否是小写字母
toUpperCase()	指定字母的大写形式
toLowerCase()	指定字母的小写形式
toString()	返回字符的字符串形式

字符串类支持的方法及其描述如表 2-6 所示。

表 2-6 字符串类支持的方法及其描述

方 法	描 述
char charAt(int index)	返回指定索引处的值
int compareTo(Object o)	比较此字符串和另一个对象
int compareTo(String anotherString)	按字典顺序比较两个字符串
int compareToIgnoreCase(String str)	按字典顺序比较两个字符串，不考虑大小写
String concat(String str)	将指定字符串连接到此字符串的结尾

第 2 章　Java 基础训练

（续表）

方　　法	描　　述
boolean contentEquals(StringBuffer sb)	当且仅当字符串与指定的 StringBuffer 有相同顺序的字符时，返回真
static String copyValueOf(char[] data)	返回指定数组中表示该字符序列的字符串
static String copyValueOf(char[] data, int offset, int count)	返回指定数组中表示该字符序列的字符串，指定起始位置
boolean endsWith(String suffix)	测试此字符串是否以指定的后缀结束
boolean equals(Object anObject)	将此字符串与指定的对象比较
boolean equalsIgnoreCase(String anotherString)	将此字符串与另一个字符串比较，不考虑大小写
byte[] getBytes()	使用平台的默认字符集，将此字符串编码为 byte 序列，并将结果存储到一个新的 byte 数组中
byte[] getBytes(String charsetName)	使用指定的字符集，将此字符串编码为 byte 序列，并将结果存储到一个新的 byte 数组中
void getChars(int srcBegin, int srcEnd, char[] dst, int dstBegin)	将字符从此字符串复制到目标字符数组中
int hashCode()	返回此字符串的 HashCode
int indexOf(int ch)	返回指定字符在此字符串中第一次出现时的索引
int indexOf(int ch, int fromIndex)	返回在此字符串中第一次出现指定字符时的索引，从指定的索引开始搜索
int indexOf(String str)	返回指定子字符串在此字符串中第一次出现处的索引
int indexOf(String str, int fromIndex)	返回指定子字符串在此字符串中第一次出现处的索引，从指定的索引开始搜索
String intern()	返回字符串对象的规范化表示形式
int lastIndexOf(int ch)	返回指定字符在此字符串中最后一次出现时的索引
int lastIndexOf(int ch, int fromIndex)	返回指定字符在此字符串中最后一次出现时的索引，从指定的索引开始进行反向搜索
int lastIndexOf(String str, int fromIndex)	返回指定子字符串在此字符串中最后一次出现处的索引，从指定的索引开始反向搜索
int length()	返回此字符串的长度
boolean matches(String regex)	测试此字符串是否匹配给定的正则表达式
boolean regionMatches(boolean ignoreCase, int toffset, String other, int ooffset, int len)	测试两个字符串区域是否相等，指定是否考虑大小写
boolean regionMatches(int toffset, String other, int ooffset, int len)	测试两个字符串区域是否相等

（续表）

方 法	描 述
String replace(char oldChar, char newChar)	返回一个新的字符串，是通过用 newChar 替换此字符串中出现的所有 oldChar 得到的
String replaceAll(String regex, String replacement)	使用给定的 replacement，替换此字符串所有匹配给定的正则表达式的子字符串
String replaceFirst(String regex, String replacement)	使用给定的 replacement，替换此字符串匹配给定的正则表达式的第一个子字符串
String[] split(String regex)	根据正则表达式拆分此字符串
String[] split(String regex, int limit)	根据正则表达式拆分此字符串，并限制返回的字符串数组长度
boolean startsWith(String prefix)	测试此字符串是否以指定的前缀开始
boolean startsWith(String prefix, int toffset)	测试此字符串从指定索引开始的子字符串是否以指定前缀开始
CharSequence subSequence(int beginIndex, int endIndex)	返回一个新的字符序列，是此序列的一个子序列
String substring(int beginIndex)	返回一个新字符串，是此字符串的一个子字符串
char[] toCharArray()	将此字符串转换为一个新的字符数组
String toLowerCase()	使用默认语言环境的规则，将此字符串中的所有字符都转换为小写
String toLowerCase(Locale locale)	使用给定 locale 的规则，将此字符串中的所有字符都转换为小写
String toString()	返回此对象本身
String toUpperCase()	使用默认语言环境的规则，将此字符串中的所有字符都转换为大写
String toUpperCase(Locale locale)	使用给定 locale 的规则，将此字符串中的所有字符都转换为大写
static String valueOf(primitive data type x)	返回参数的字符串表示形式
contains(CharSequence chars)	判断是否包含指定的字符序列
isEmpty()	判断字符串是否为空

2. Number 类与 Math 类

Number 类与 Math 类支持的方法及其描述如表 2-7 所示。

表 2-7 Number 类与 Math 类支持的方法及其描述

方 法	描 述
XValue()	将 Number 对象转换为 X 数据类型的值并返回
compareTo()	将 Number 对象与参数比较

（续表）

方　　法	描　　述
equals()	判断 Number 对象是否与参数相等
valueOf()	返回 Number 对象指定的内置数据类型
toString()	以字符串形式返回
parseInt()	将字符串解析为 int 数据类型
abs()	返回参数的绝对值
ceil()	返回大于等于(>=)给定参数的最小整数，类型为双精度浮点型
floor()	返回小于或等于（<=)给定参数的最大整数
rint()	返回与参数最接近的整数
round()	四舍五入，算法为 Math.floor(x+0.5)，即将原来的数字加上 0.5 后，向下取整。例如，Math.round(11.5)的结果为 12，Math.round(-11.5) 的结果为-11
min()	返回两个参数中的最小值
max()	返回两个参数中的最大值
exp()	返回自然数底数 e 的参数次方
log()	返回参数的自然数底数的对数值
pow()	返回第一个参数的第二个参数次方
sqrt()	求参数的算术平方根
sin()	求指定 double 类型参数的正弦值
cos()	求指定 double 类型参数的余弦值
tan()	求指定 double 类型参数的正切值
asin()	求指定 double 类型参数的反正弦值
acos()	求指定 double 类型参数的反余弦值
atan()	求指定 double 类型参数的反正切值
atan2()	将笛卡儿坐标转换为极坐标，并返回极坐标的角度值
toDegrees()	将参数转化为角度
toRadians()	将角度转换为弧度
random()	返回一个随机数

3．时间类

如表 2-8 所示，介绍了时间类支持的方法及其描述。

表 2-8　时间类支持的方法及其描述

方　　法	描　　述
boolean after(Date date)	若 Date 对象在指定日期之后，则返回 true，否则返回 false
boolean before(Date date)	若 Date 对象在指定日期之前，则返回 true，否则返回 false

(续表)

方法	描述
Object clone( )	返回对象的副本
int compareTo(Date date)	比较调用此方法的 Date 对象和指定日期，两者相等时返回 0。若 Date 对象在指定日期之前，则返回负数。若 Date 对象在指定日期之后，则返回正数
int compareTo(Object obj)	若 obj 是 Date 类型，则操作等同于 compareTo(Date)，否则抛出 ClassCastException
boolean equals(Object date)	当调用此方法的 Date 对象与指定日期相等时，返回 true，否则返回 false
long getTime( )	返回自 1970 年 1 月 1 日 00:00:00 以来，Date 对象表示的毫秒数
int hashCode( )	返回对象的 HashCode
String toString( )	把此 Date 对象转换为以下形式的字符串：dow mon dd hh:mm:ss zzz yyyy，其中 dow 是一周中的某一天

4．ArrayList 与 HashMap

ArrayList 支持的方法及其描述如表 2-9 所示。表中的 arraylist 为 ArrayList 的对象。

表 2-9　ArrayList 支持的方法及其描述

方法	描述
add()	将元素插入指定位置的 arraylist 中
addAll()	添加集合中的所有元素到 arraylist 中
clear()	删除 arraylist 中的所有元素
clone()	复制一份 arraylist
contains()	判断元素是否在 arraylist 中
get()	通过索引值获取 arraylist 中的元素
indexOf()	返回 arraylist 中元素的索引值
removeAll()	删除 arraylist 中的所有元素
remove()	删除 arraylist 中的单个元素
size()	返回 arraylist 的元素数量
isEmpty()	判断 arraylist 是否为空
subList()	截取部分 arraylist 的元素
set()	替换 arraylist 中指定索引的元素
sort()	对 arraylist 元素进行排序
toArray()	将 arraylist 转换为数组
toString()	将 arraylist 转换为字符串
ensureCapacity()	设置 arraylist 的容量

（续表）

方　　法	描　　述
lastIndexOf()	返回指定元素在 arraylist 中最后一次出现的位置
containsAll()	查看 arraylist 是否包含指定集合中的所有元素
trimToSize()	将 arraylist 中的容量调整为数组中的元素个数
removeRange()	删除 arraylist 中指定索引之间存在的元素
removeIf()	删除所有满足特定条件的 arraylist 元素
forEach()	遍历 arraylist 中的元素并执行特定操作

HashMap 支持的方法及其描述如表 2-10 所示。表中，hashmap 为 HashMap 的对象；key 为键值对中的键；value 为键值对中的值。

表 2-10　HashMap 支持的方法及其描述

方　　法	描　　述
clear()	删除 hashmap 中的所有键值对
clone()	复制一份 hashmap
isEmpty()	判断 hashmap 是否为空
size()	计算 hashmap 中键值对的数量
put()	将键值对添加到 hashmap 中
putAll()	将所有键值对添加到 hashmap 中
putIfAbsent()	如果 hashmap 中不存在指定的 key，则将指定的键值对插入 hashmap 中
remove()	删除 hashmap 中指定 key 对应的映射关系
containsKey()	检查 hashmap 中是否存在指定 key 对应的映射关系
containsValue()	检查 hashmap 中是否存在指定 value 对应的映射关系
replace()	替换 hashmap 中指定 key 对应的 value
replaceAll()	将 hashmap 中的所有映射关系替换成指定函数的执行结果
get()	获取指定 key 对应的 value
getOrDefault()	获取指定 key 对应的 value，如果找不到 key，则返回设置的默认值
forEach()	对 hashmap 中的每个映射执行指定操作
entrySet()	返回 hashmap 中所有映射项的集合视图
keySet()	返回 hashmap 中所有 key 组成的集合视图
values()	返回 hashmap 中存在的所有 value
merge()	添加键值对到 hashmap 中
computeIfAbsent()	重新计算 hashmap 中指定的 key，如果不存在这个 key，则添加到 hashmap 中

Java 语言及其应用实操

2.3.4 实例操作训练

> 菜鸟教程→Java 教程→Java 实例→Java 字符串。
> 菜鸟教程→Java 教程→Java 实例→Java 集合。
> 菜鸟教程→Java 教程→Java 实例→Java 时间处理。

Java 字符串、Java 集合和 Java 时间处理的实例列表如图 2-47 所示。

Java 字符串	Java 集合
1. Java 实例 - 字符串比较	1. Java 实例 - 数组转集合
2. Java 实例 - 查找字符串最后一次出现的位置	2. Java 实例 - 集合比较
3. Java 实例 - 删除字符串中的一个字符	3. Java 实例 - HashMap遍历
4. Java 实例 - 字符串替换	4. Java 实例 - 集合长度
5. Java 实例 - 字符串反转	5. Java 实例 - 集合打乱顺序
6. Java 实例 - 字符串查找	6. Java 实例 - 集合遍历
7. Java 实例 - 字符串分割	7. Java 实例 - 集合反转
8. Java 实例 - 字符串分割(StringTokenizer)	8. Java 实例 - 删除集合中指定元素
9. Java 实例 - 字符串小写转大写	9. Java 实例 - 只读集合
10. Java 实例 - 测试两个字符串区域是否相等	10. Java 实例 - 集合输出
11. Java 实例 - 字符串性能比较测试	11. Java 实例 - 集合转数组
12. Java 实例 - 字符串优化	12. Java 实例 - List 循环移动元素
13. Java 实例 - 字符串格式化	13. Java 实例 - 查找 List 中的最大最小值
14. Java 实例 - 连接字符串	14. Java 实例 - 遍历 HashTable 的键值
Java 时间处理	15. Java 实例 - 使用 Enumeration 遍历 HashTable
1. Java 实例 - 格式化时间（SimpleDateFormat）	16. Java 实例 - 集合中添加不同类型元素
2. Java 实例 - 获取当前时间	17. Java 实例 - List 元素替换
3. Java 实例 - 获取年份、月份等	18. Java 实例 - List 截取
4. Java 实例 - 时间戳转换成时间	

图 2-47

1. JDK 教学互动

实例 1：字符串替换

字符串替换的代码如图 2-48 所示。

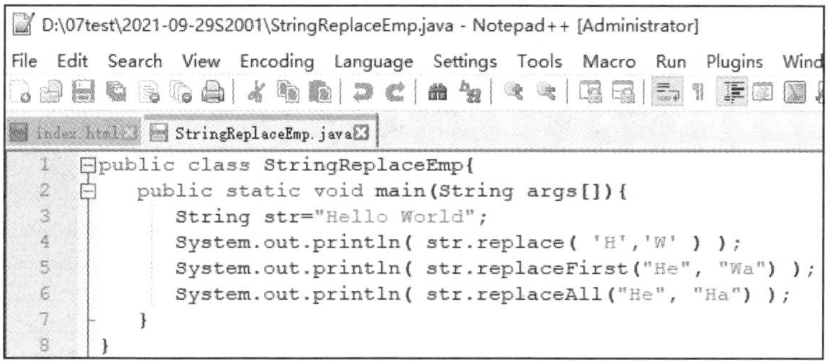


```java
public class StringReplaceEmp{
    public static void main(String args[]){
        String str="Hello World";
        System.out.println( str.replace( 'H','W' ) );
        System.out.println( str.replaceFirst("He", "Wa") );
        System.out.println( str.replaceAll("He", "Ha") );
    }
}
```

图 2-48

编译、执行代码后的结果如图 2-49 所示。

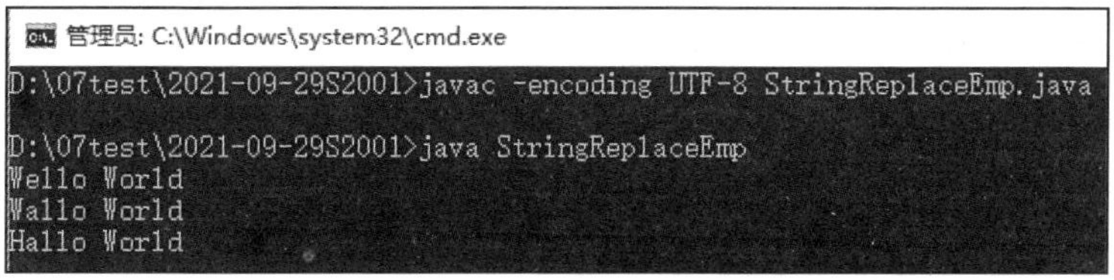


```
D:\07test\2021-09-29S2001>javac -encoding UTF-8 StringReplaceEmp.java

D:\07test\2021-09-29S2001>java StringReplaceEmp
Wello World
Wallo World
Hallo World
```

图 2-49

实例 2：数据截取

数据截取的代码如图 2-50 所示。

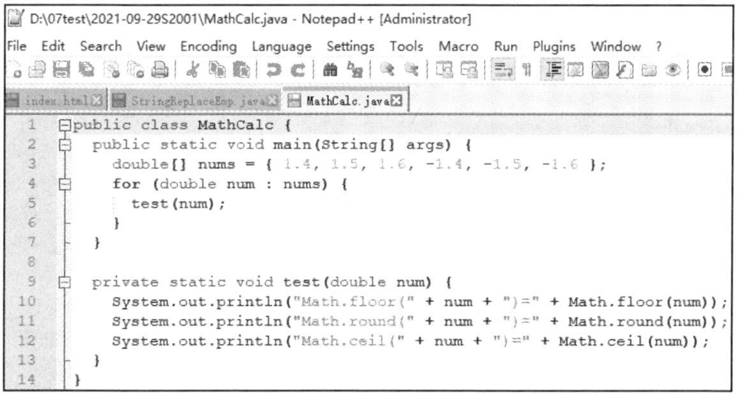


```java
public class MathCalc {
  public static void main(String[] args) {
    double[] nums = { 1.4, 1.5, 1.6, -1.4, -1.5, -1.6 };
    for (double num : nums) {
      test(num);
    }
  }

  private static void test(double num) {
    System.out.println("Math.floor(" + num + ")=" + Math.floor(num));
    System.out.println("Math.round(" + num + ")=" + Math.round(num));
    System.out.println("Math.ceil(" + num + ")=" + Math.ceil(num));
  }
}
```

图 2-50

编译、执行代码后的结果如图 2-51 所示。

Java 语言及其应用实操

图 2-51

2. IDE 教学互动

实例 1：日期格式化

日期格式化的代码和执行结果如图 2-52 所示。

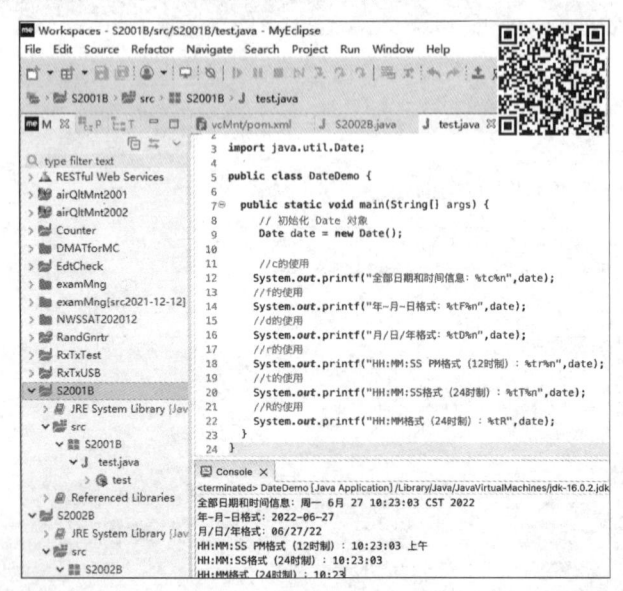

图 2-52

实例 2：聚合遍历

聚合遍历的代码和执行结果如图 2-53 所示。

第 2 章　Java 基础训练

图 2-53

3．独立作业训练

从 Java 字符串、Java 集合和 Java 时间处理的实例列表中各选取一个实例，分别在 JDK 和 IDE 两种开发环境下进行操作训练，包括设计、编写、编译、执行和跟踪调试程序等内容，完成如图 2-54 所示的作业。要求将代码和运行结果截图，插入文档，并转换成 PDF 格式，在插入数字签名后，提交至云端教研室。

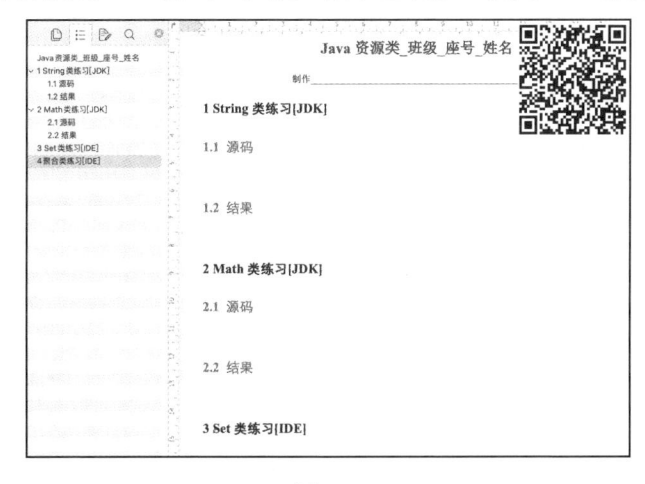

图 2-54

2.4 文件操作

2.4.1 知识点概括

1. 基本概念

- 流（Stream）：数据的序列。
- 输入流/输出流：输入流是指从一个源读取数据；输出流是指向一个目标写入数据。
- 文件与文件夹：一个目录其实是一个文件对象，包含文件夹和文件。

2. System 类

- System 类包括 InputStream、PrintStream 等成员变量。
- System 类包括 System.out.println()、System.out.write() 等常用方法。

3. 文件输入/输出

文件输入/输出包括字符流操作和字节流操作。

- 字符流操作包括 FileReader、FileWriter、BufferedReader、BufferedWriter 等操作，如图 2-55 所示。

```
public static boolean skFlgSgmt(String fp,         // 查找是否存在特定段[路径,文件,标志段]
                                 String fn, String flg)
{   boolean tmp = false;
    String str = fp + "/" + fn;
    File fl = new File(str);
    FileReader fr = null;
    BufferedReader rd = null;
    try
    {   fr = new FileReader(fl);                    // 原文件
        rd = new  BufferedReader(fr);
        while((str=rd.readLine())!=null)            // 查找标志段
        {   if(str.equals(flg))
            {   tmp = true;
                break;
            }
        }
        rd.close();
    }
    catch(Exception et)
    {   et.printStackTrace();   }
    return tmp;
}
```

图 2-55

- 字节流操作包括 FileInputStream、FileOutputStream 等操作，如图 2-56 所示。

第 2 章　Java 基础训练

```
public static void secretFile(String ofl,String nfl)    // 文件加解密[原文件,新文件]
{   File fl1 = new File(ofl);
    File fl2 = new File(nfl);
    FileInputStream fr = null;
    FileOutputStream fw = null;
    try
    {   fr = new FileInputStream(fl1);                  // 源文件
        fw = new FileOutputStream(fl2);                 // 新文件
        int m = 0; byte [] ch = new byte[1];
        while((m=fr.read())!=-1)
        {   ch[0] = (byte)m;
            ch[0] ^= 0x96; ch[0] ^= 0x69;               // 尝试加解密
            ch[0] ^= 0x55; ch[0] ^= 0x22;
            fw.write(ch);
        }
        fw.close();
        fr.close();
    }
    catch (Exception et)
    {   et.printStackTrace();    }
}
```

图 2-56

4．文件和文件夹操作

创建文件与目录的语法为

　　File fl = new File("path");　　　　//创建文件
　　fl.mkdirs();　　　　　　　　　　　//创建目录

删除目录的代码如图 2-57 所示。删除目录时，必须保证该目录下没有其他文件，否则会报错。

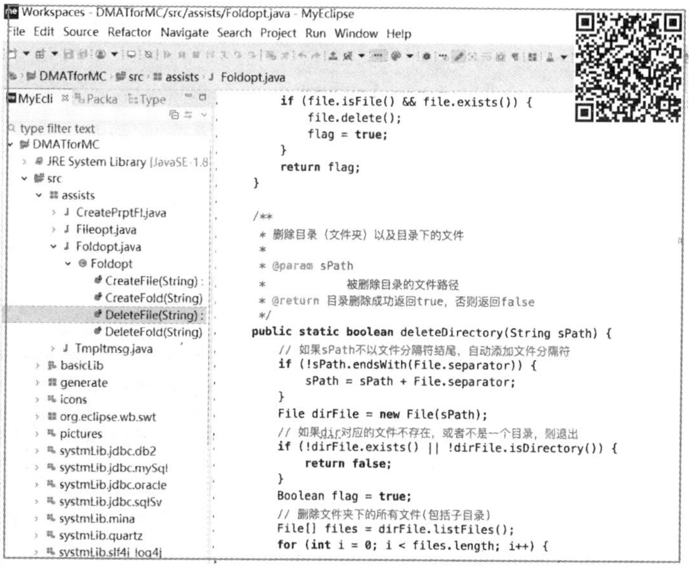

图 2-57

Java 语言及其应用实操

2.4.2 学习入口

> **学习入口** 菜鸟教程→Java 教程→Java Stream、File、IO。

选择"菜鸟教程"→"Java 教程"→"Java Stream、File、IO",可打开如图 2-58 所示的窗口。

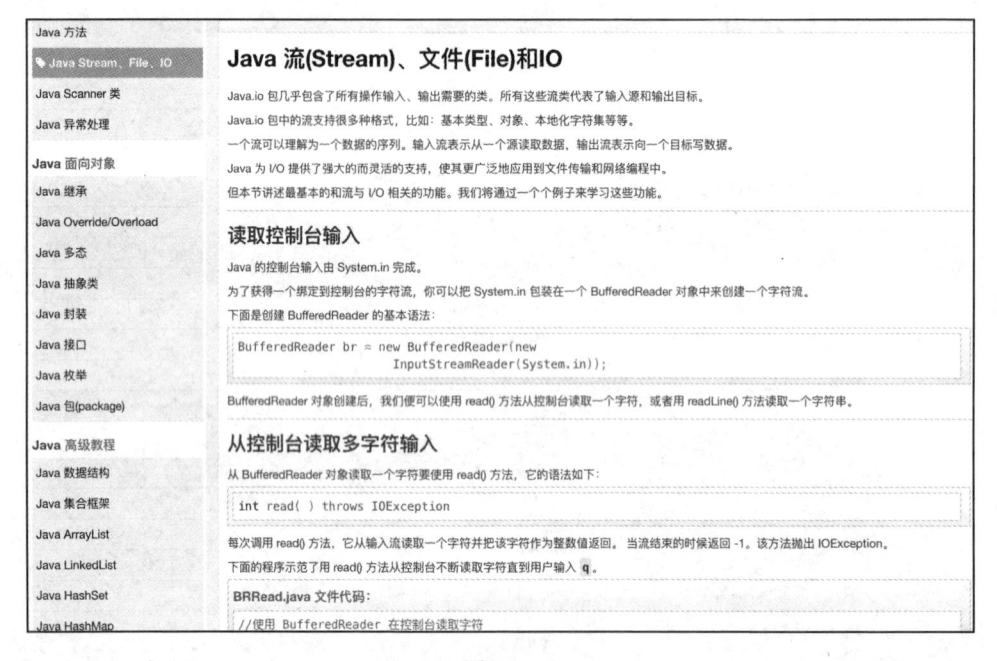

图 2-58

java.io 包几乎包含了所有输入、输出需要的类。这些类代表了输入源和输出目标。java.io 包中的流支持多种格式,如内置数据类型、对象、本地化字符集。

流可以被当作数据序列,图 2-59 是输入流和输出流(IO 流)的类层次图。

1. FileInputStream

FileInputStream 用于从文件读取数据。它的对象可以用关键字 new 创建。

```
                    ┌ BufferedReader
                    │ InputStreamReader ── FileReader
              ┌ Reader ─ StringReader
              │     │ PipedReader
              │     │ CharArrayReader
              │     └ FilterReader ── PushbackReader
     字符流 ─┤
              │     ┌ BufferedWriter
              │     │ OutputStreamWriter ── FileWriter
              └ Writer ─ PrinterWriter
                    │ StringWriter
                    │ PipedWriter
                    │ CharArrayWriter
                    └ FilterWriter
IO流 ─┤
              ┌ FileInputStream
              │                       ┌ BufferedInputStream
              │ FilterInputStream ── DataInputStream
              │                       └ PushbackInputStream
              ┌ InputStream ─ ObjectInputStream
              │ PipedInputStream
              │ SequenceInputStream
              │ StringBufferInputStream
     字节流 ─┤ ByteArrayInputStream
              │ FileOutputStream
              │                       ┌ BufferedOutputStream
              │ FilterOutputStream ── DataOutputStream
              │                       └ PrintStream
              └ OutputStream ─ ObjectOutputStream
                    │ PipedOutputStream
                    └ ByteArrayOutputStream
```

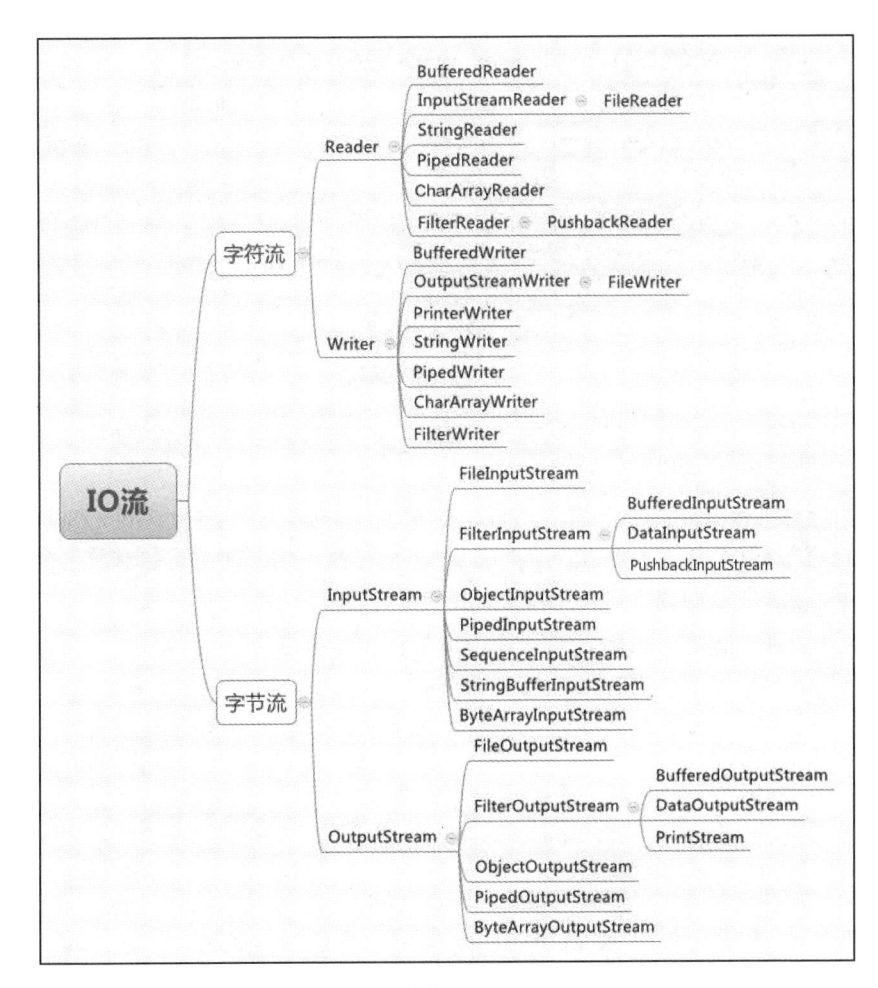

图 2-59

用字符串类型的文件名创建一个输入流对象读取文件，语法为

  InputStream f = new FileInputStream("C:/java/hello");

还有另一种读取文件的方法：首先使用 File() 方法创建文件对象，然后创建一个输入流对象读取该文件对象，即

  File f = new File("C:/java/hello");
  InputStream in = new FileInputStream(f);

创建文件对象后，可使用 FileInputStream 支持的方法进行其他流操作。如表 2-11 所示，展示了 FileInputStream 支持的方法及其描述。

表 2-11　FileInputStream 支持的方法及其描述

方　法	描　述
public void close() throws IOException{}	关闭输入流，并释放与输入流有关的所有系统资源，抛出 IOException 异常
protected void finalize() throws IOException {}	清除与文件的连接，确保在引用输入流时，不再调用 close()方法，抛出 IOException 异常
public int read(int r) throws IOException{}	从 InputStream 对象读取指定字节的数据，返回整数值，返回的内容为下一字节的数据，如果已经到结尾，则返回-1
public int read(byte[] r) throws IOException{}	从输入流读取 r 长度的字节。返回读取的字节数，如果是文件结尾，则返回-1

2. FileOutputStream

FileOutputStream 用于创建一个文件并向文件中写数据。若 FileOutputStream 创建的对象在打开文件进行输出前，目标文件不存在，则此对象会创建文件对象。如下构造方法可以创建 FileOutputStream 对象。

> 使用字符串类型的文件名创建一个输出流对象，语法为
> OutputStream f = new FileOutputStream("C:/java/hello");

> 使用一个文件对象创建一个输出流写文件，可使用 File()方法创建一个文件对象，即
> File f = new File("C:/java/hello");
> OutputStream fOut = new FileOutputStream(f);

创建文件对象后，可使用 FileOutputStream 支持的方法进行其他流操作。如表 2-12 所示，展示了 FileOutputStream 支持的方法及其描述。

表 2-12　FileOutputStream 支持的方法及其描述

方　法	描　述
public void close() throws IOException{}	关闭输入流，并释放与输入流有关的所有系统资源，抛出 IOException 异常
protected void finalize() throws IOException {}	清除与文件的连接，确保在引用文件输入流时，不再调用 close()方法，抛出 IOException 异常
public void write(int w) throws IOException{}	把指定的字节写到输出流中
public void write(byte[] w)	把指定数组中 w 长度的字节写到输出流中

2.4.3 实例操作训练

> **学习入口**　菜鸟教程→Java 教程→Java 实例→Java 文件操作。
> 　　　　　　菜鸟教程→Java 教程→Java 实例→Java 目录操作。

Java 文件操作和 Java 目录操作的实例列表如图 2-60 所示。

Java 文件操作
1. Java 实例 - 文件写入
2. Java 实例 - 读取文件内容
3. Java 实例 - 删除文件
4. Java 实例 - 将文件内容复制到另一个文件
5. Java 实例 - 向文件中追加数据
6. Java 实例 - 创建临时文件
7. Java 实例 - 修改文件最后的修改日期
8. Java 实例 - 获取文件大小
9. Java 实例 - 文件重命名
10. Java 实例 - 设置文件只读
11. Java 实例 - 检测文件是否存在
12. Java 实例 - 在指定目录中创建文件
13. Java 实例 - 获取文件修改时间
14. Java 实例 - 创建文件
15. Java 实例 - 文件路径比较

Java 目录操作
1. Java 实例 - 递归创建目录
2. Java 实例 - 删除目录
3. Java 实例 - 判断目录是否为空
4. Java 实例 - 判断文件是否隐藏
5. Java 实例 - 获取目录大小
6. Java 实例 - 在指定目录中查找文件
7. Java 实例 - 获取文件的上级目录
8. Java 实例 - 获取目录最后修改时间
9. Java 实例 - 打印目录结构
10. Java 实例 - 遍历指定目录下的所有目录
11. Java 实例 - 遍历指定目录下的所有文件
12. Java 实例 - 在指定目录中查找文件
13. Java 实例 - 遍历系统根目录
14. Java 实例 - 查看当前工作目录
15. Java 实例 - 遍历目录

图 2-60

1．JDK 教学互动

实例：向文件中追加数据

创建文件，并向文件中追加数据。每次追加数据后，都会在命令行终端窗口输出结果，代码如图 2-61 所示。

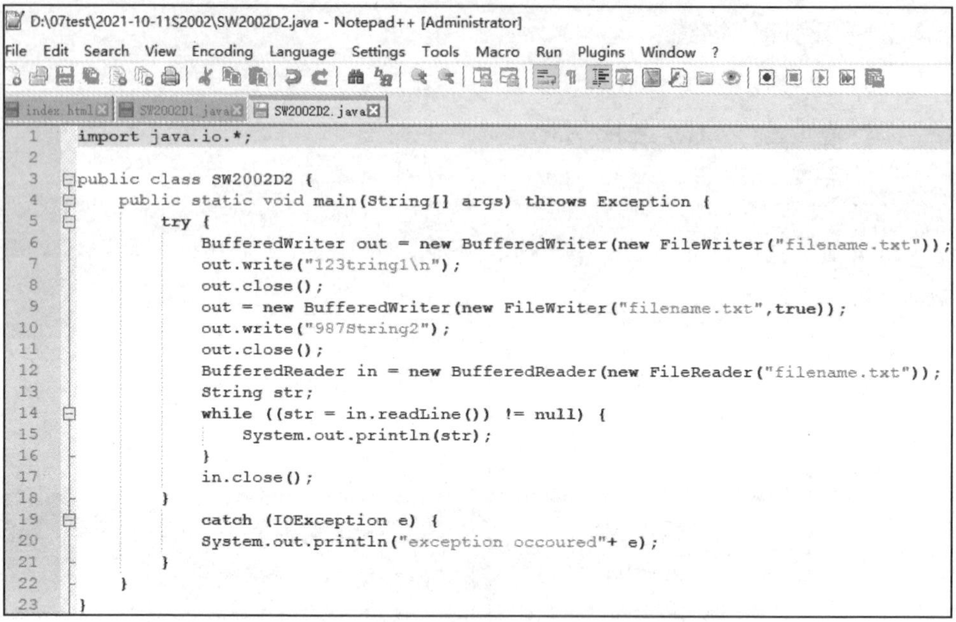
D:\07test\2021-10-11S2002\SW2002D2.java - Notepad++ [Administrator]
File Edit Search View Encoding Language Settings Tools Macro Run Plugins Window ?
index.html
SW2002D1.java
SW2002D2.java
import java.io.*;

public class SW2002D2 {
    public static void main(String[] args) throws Exception {
        try {
            BufferedWriter out = new BufferedWriter(new FileWriter("filename.txt"));
            out.write("123tring1\n");
            out.close();
            out = new BufferedWriter(new FileWriter("filename.txt",true));
            out.write("987String2");
            out.close();
            BufferedReader in = new BufferedReader(new FileReader("filename.txt"));
            String str;
            while ((str = in.readLine()) != null) {
                System.out.println(str);
            }
            in.close();
        }
        catch (IOException e) {
            System.out.println("exception occoured"+ e);
        }
    }
}

图 2-61

编译、执行代码后的结果如图 2-62 所示。

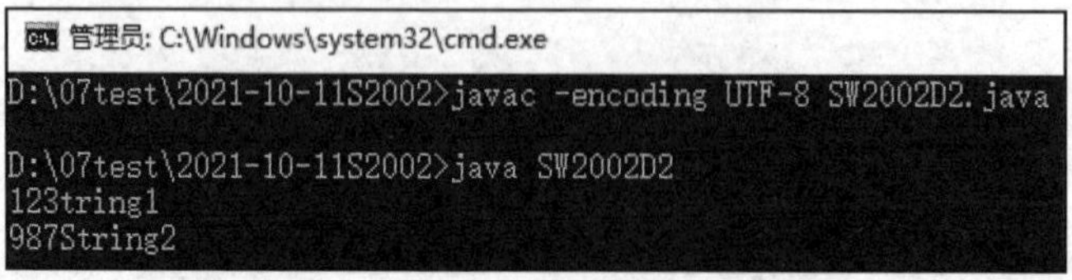
管理员: C:\Windows\system32\cmd.exe
D:\07test\2021-10-11S2002>javac -encoding UTF-8 SW2002D2.java
D:\07test\2021-10-11S2002>java SW2002D2
123tring1
987String2

图 2-62

2. IDE 教学互动

实例：遍历目录

列出指定目录下的所有子目录，代码和执行结果如图 2-63 所示。

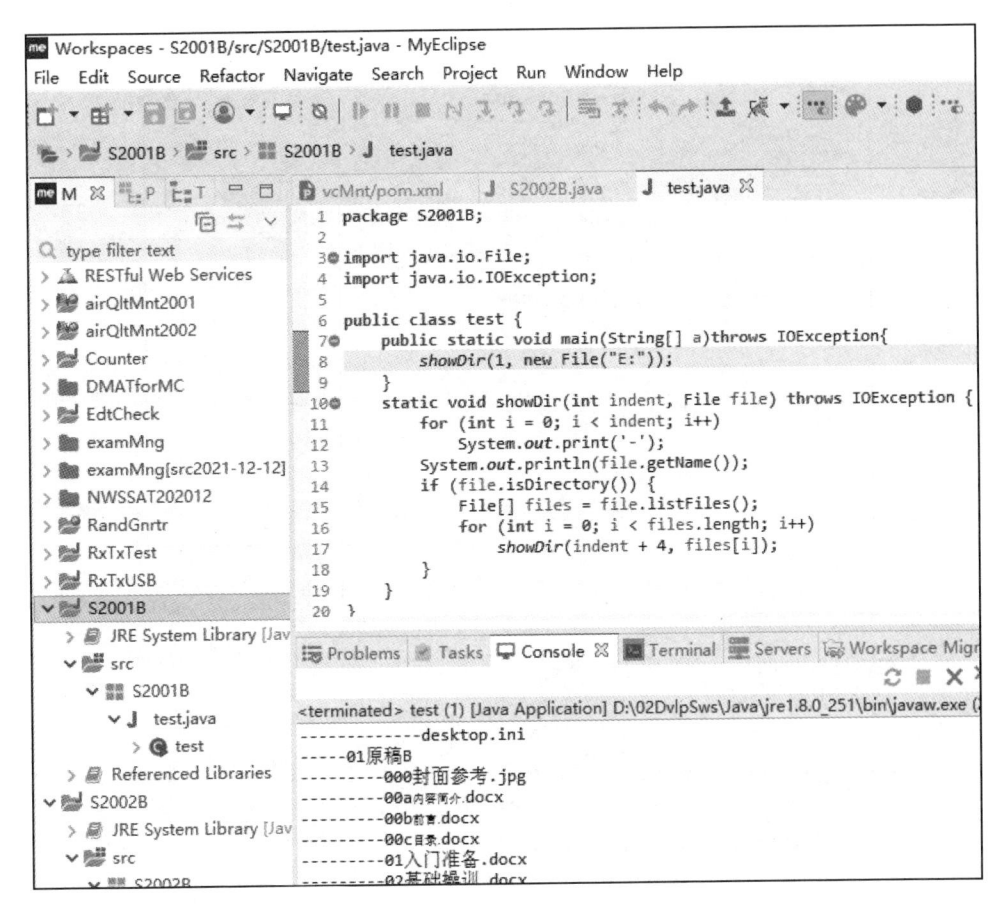

图 2-63

3. 独立作业训练

从 Java 文件操作和 Java 目录操作的实例列表中各选取一个实例,分别在 JDK 和 IDE 两种开发环境下进行操作训练,包括设计、编写、编译、执行和跟踪调试程序等内容,完成如图 2-64 所示的作业。要求将代码和运行结果截图,插入文档,并转换成 PDF 格式,在插入数字签名后,提交至云端教研室。

Java 语言及其应用实操

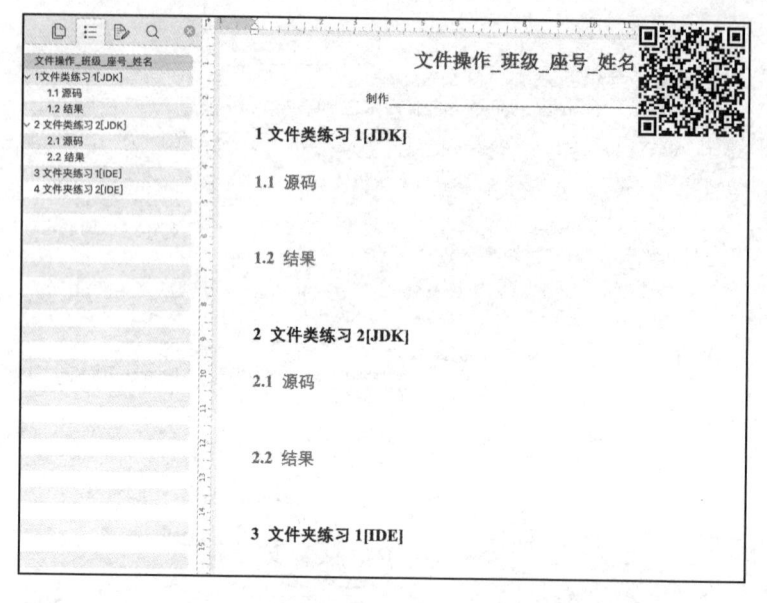

图 2-64

2.5 异常处理

2.5.1 知识点概括

1. 产生异常的原因

产生异常的主要原因包括数据结构错误、编码逻辑错误和操作系统冲突。

2. 常见异常类

常见的异常类如图 2-65 所示。

```
                                    ┌─ ArithmeticException
                ┌─ 输入输出类IOException ─┤ ArrayIndexOutOfBoundsException
                │                     │ IndexOutOfBoundsException
通类Exception ──┤                     └─ NullPointerException
                │                     ┌─ ClassNotFoundException
                └─ 运行时类RuntimeException ─┤ NoSuchMethodException
                                      └─ NoSuchFieldException
```

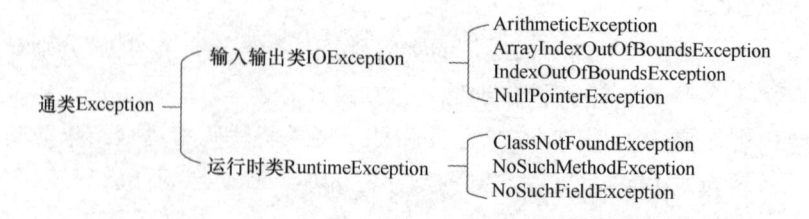

图 2-65

3. 异常处理方法

异常处理方法主要包括 getMessage()、toString()和 printStackTrace()。
处理异常时需要捕获和抛出异常，如图 2-66 所示。

```
              ┌─ 单捕获 try…catch
捕获异常 ─────┤   多捕获 try…catch…catch
              └─ 全捕获 try…catch…catch…finally

              ┌─ 语句 throw    //声明异常
抛出异常 ─────┤
              └─ 声明 throws   //集中处理异常
```

图 2-66

4. 自定义异常

自定义异常的方法如图 2-67 所示。

```
import java.io.*;

public class BadFundsException extends Exception {
    private double amount;
    public BadFundsException(double amount) {
        this.amount = amount;
    }
    public double getAmount() {
        return amount;
    }
}
```

图 2-67

2.5.2 学习入口

> **学习入口**　菜鸟教程→Java 教程→Java 异常处理。

选择"菜鸟教程"→"Java 教程"→"Java 异常处理"，可打开如图 2-68 所示的窗口。

异常是程序中的一些错误，不过并不是所有的错误都是异常。如果代码少了一个分号，则运行结果会提示出现错误 Java.lang.Error。如果在运行语句 System.out.println(11/0)时抛出异常，则是因为用 0 作为除数而抛出 Java.lang.ArithmeticException 异常。

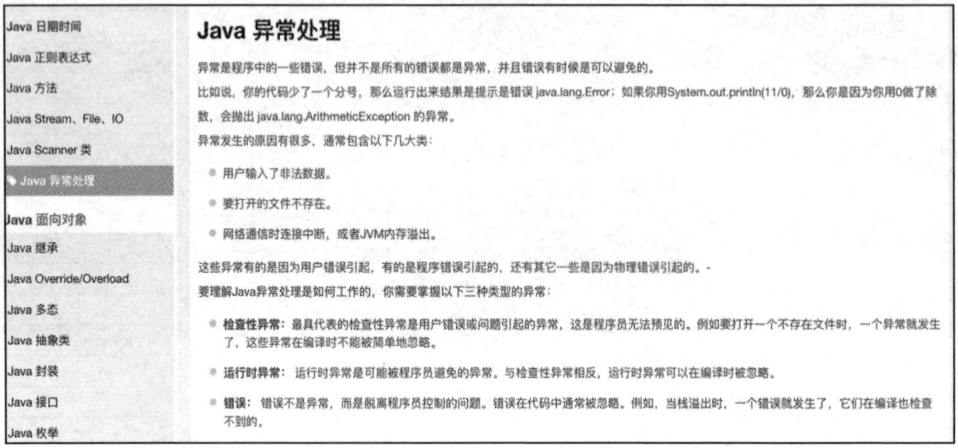

图 2-68

下面介绍两种常见异常。

➢ 检查性异常：用户错误或问题引起的异常，在编写代码时无法预见，例如，要打开一个不存在的文件时，一个异常就产生了。
➢ 运行时异常：可能被程序员忽略的异常。与检查性异常相反，运行时异常可以在编译时被忽略。

通常，产生异常的原因有如下几种。

➢ 用户输入了非法数据。
➢ 要打开的文件不存在。
➢ 网络通信时连接中断或 Java 虚拟机的内存溢出。

提示

　　错误（error）不是异常，而是程序员无法控制的问题。错误在代码中通常被忽略。例如，当栈溢出时，一个错误就产生了。这些错误在编译时也检查不出来。

　　异常类，即 Exception 类，是 Throwable 类的子类。Exception 类有两个主要的子类：IOException 类和 RuntimeException 类。Exception 类的继承关系如图 2-69 所示。

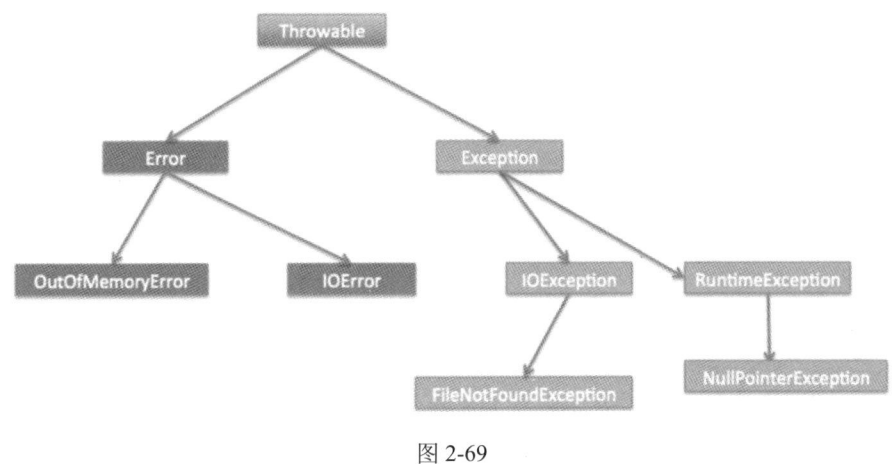

```
                    Throwable
                   ╱         ╲
                Error       Exception
               ╱    ╲       ╱        ╲
   OutOfMemoryError IOError IOException RuntimeException
                              │              │
                       FileNotFoundException NullPointerException
```

图 2-69

常用的异常方法及其描述如表 2-13 所示。

表 2-13 常用的异常方法及其描述

方　　法	描　　述
public String getMessage()	返回关于异常的详细信息，该信息在 Throwable 类的构造函数中被初始化
public Throwable getCause()	返回一个 Throwable 对象，用于表示发生异常的原因
public String toString()	返回 Throwable 的简短描述
public StackTraceElement[] getStackTrace()	返回一个包含堆栈层次的数组，下标为 0 的元素代表栈顶，最后的元素代表栈底

2.5.3 实例操作训练

> 学习入口：菜鸟教程→Java 教程→Java 实例→Java 异常处理。

Java 异常处理的实例列表如图 2-70 所示。

Java 异常处理

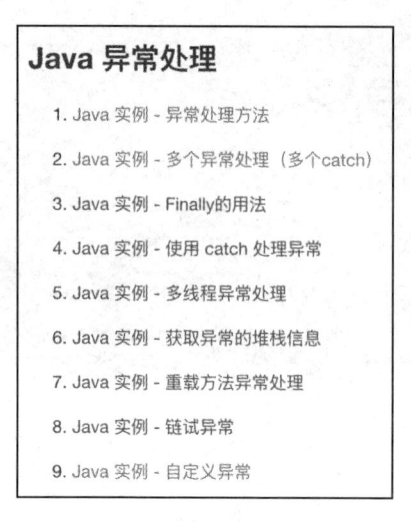

1. Java 实例 - 异常处理方法
2. Java 实例 - 多个异常处理（多个catch）
3. Java 实例 - Finally的用法
4. Java 实例 - 使用 catch 处理异常
5. Java 实例 - 多线程异常处理
6. Java 实例 - 获取异常的堆栈信息
7. Java 实例 - 重载方法异常处理
8. Java 实例 - 链试异常
9. Java 实例 - 自定义异常

图 2-70

1. JDK 教学互动

实例：自定义异常

通过继承 Exception 类实现自定义异常，代码如图 2-71 所示，

```java
class WrongInputException extends Exception {  // 自定义的类
    WrongInputException(String s) {
        super(s);
    }
}
class Input {
    void method() throws WrongInputException {
        throw new WrongInputException("Wrong input"); // 抛出自定义的类
    }
}
class TestInput {
    public static void main(String[] args){
        try {
            new Input().method();
        }
        catch(WrongInputException wie) {
            System.out.println(wie.getMessage());
        }
    }
}
```

图 2-71

编译、执行代码后的结果如图 2-72 所示。

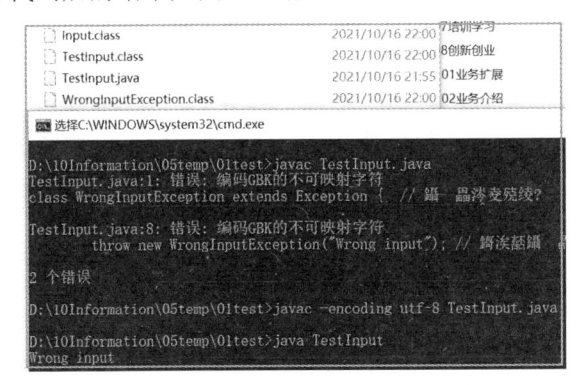

图 2-72

2．IDE 教学互动

实例：多个异常处理

多个异常处理的代码和执行结果如图 2-73 所示。

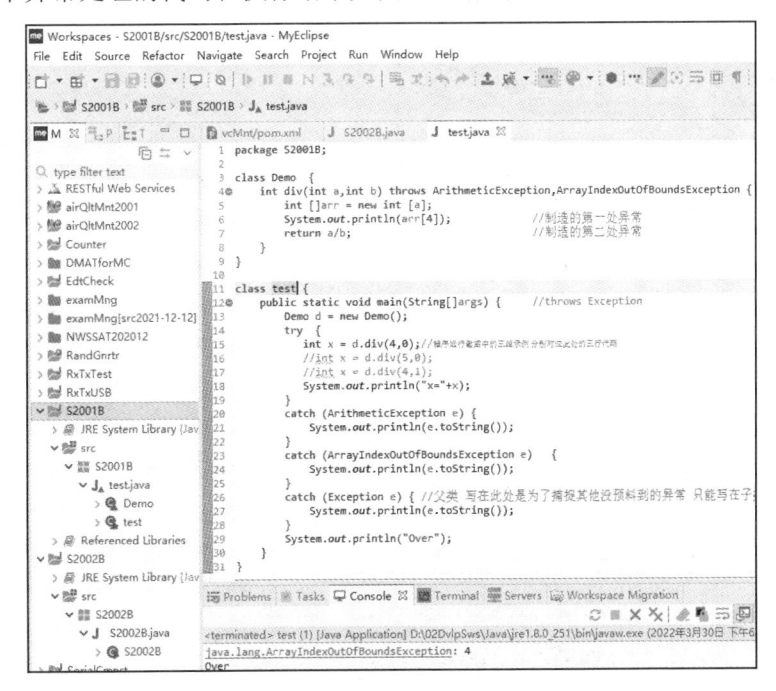

图 2-73

> **注意**
>
> 声明异常时，建议声明更为具体的异常，便于有针对性地处理异常。
>
> 声明几个异常，就对应几个 catch 块。如果异常出现继承关系，则将父类异常对应的 catch 块放在下方。

3. 独立作业训练

从 Java 异常处理的实例列表中选取一个实例，分别在 JDK 和 IDE 两种开发环境下进行操作训练，包括设计、编写、编译、执行和跟踪调试程序等内容，完成如图 2-74 所示的作业。要求将代码和运行结果截图，插入文档，并转换成 PDF 格式，在插入数字签名后，提交至云端教研室。

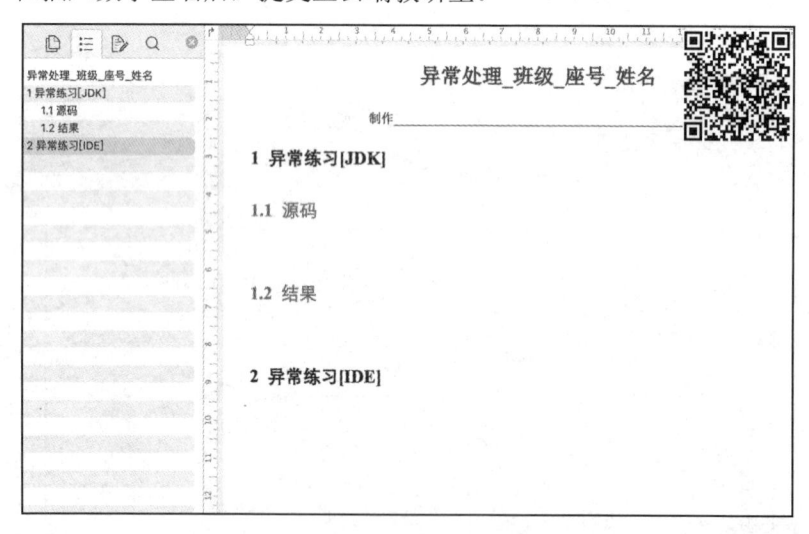

图 2-74

2.6 线程操作

2.6.1 学习入口

> **学习入口** 菜鸟教程→Java 教程→Java 多线程编程。

第 2 章　Java 基础训练

选择"菜鸟教程"→"Java 教程"→"Java 多线程编程",可打开如图 2-75 所示的窗口。

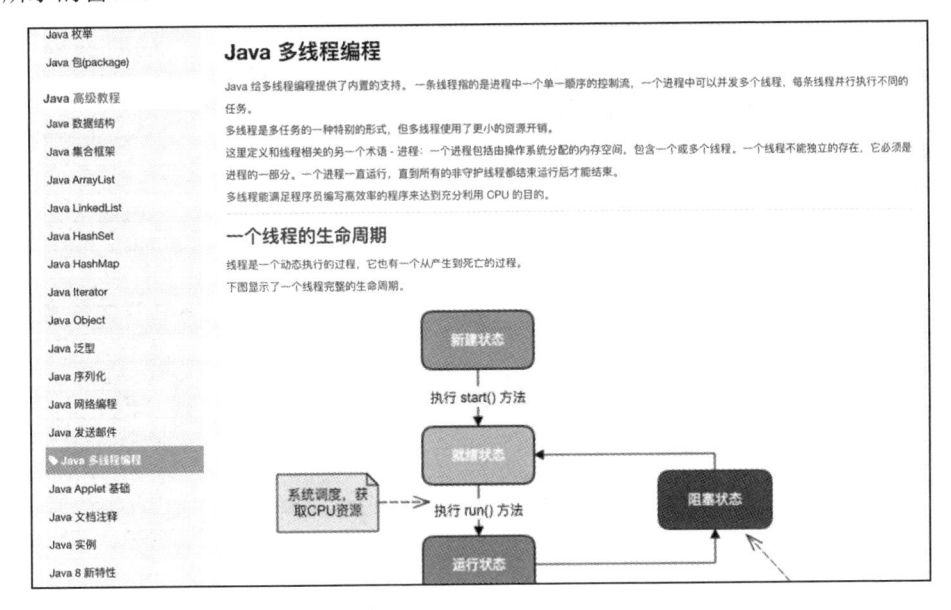

图 2-75

1. 程序、进程、线程

程序、进程、线程之间的关系如图 2-76 所示。

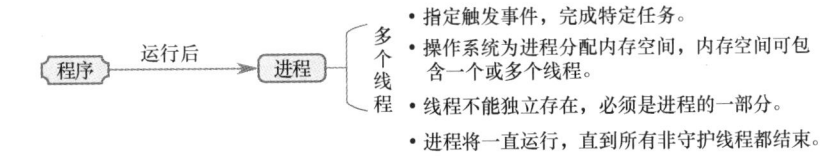

图 2-76

2. 定义、启动多线程

在使用多线程之前,要先定义多线程。有如下两种定义多线程的方法。

➢ 继承 Thread 类并重写 run()方法。
➢ 实现 Runnable 接口并定义 run()方法,如图 2-77 所示。

```
public class ThreadTest extends Thread
{
    @Override
    public void run() // 重写run(),JVM会自动调用
    {
        ;
    }
}
```

```
public class ThreadTest implements Runnable
{
    public void run()
    {
        ;
    }
}
```

图 2-77

在定义多线程后，创建线程类的实例变量并使用 start()方法启动多线程，如图 2-78 所示。

```
ThreadTest1 tt = new ThreadTest();
tt.start();

Thread t = new Thread(tt);
t.start();
```

图 2-78

3．线程的状态

线程的状态包括新建状态、就绪状态、运行状态、阻塞状态和死亡状态，线程的状态转换图如图 2-79 所示。

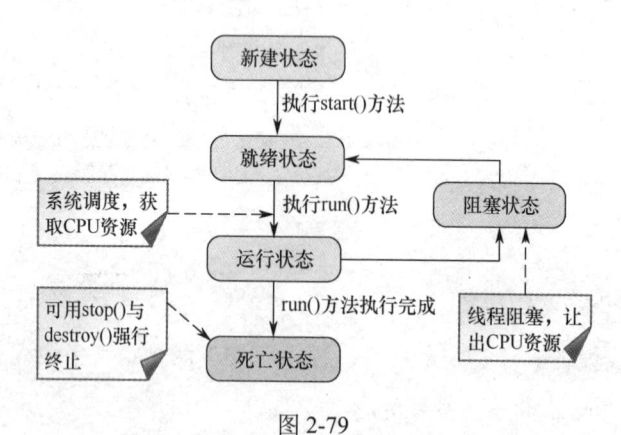

图 2-79

2.6.2 关键说明

表 2-14 列出了 Thread 类的动态方法及其描述。

表 2-14 Thread 类的动态方法及其描述

方　　法	描　　述
public void start()	使线程开始执行
public void run()	如果线程是使用独立的 Runnable 对象创建的, 则调用该 Runnable 对象的 run()方法; 否则, 该方法不执行任何操作并返回
public final void setName(String name)	改变线程名称
public final void setPriority(int priority)	更改线程的优先级
public final void setDaemon(boolean on)	将线程标记为守护线程或用户线程
public final boolean isAlive()	测试线程是否处于活动状态
public void interrupt()	中断线程

表 2-15 中列出了 Thread 类的静态方法及其描述。

表 2-15 Thread 类的静态方法及其描述

方　　法	描　　述
thread.yield()	暂停当前正在执行的线程对象, 并执行其他线程
thread.sleep(long millisec)	在指定的毫秒数内让当前正在执行的线程休眠 (暂停执行)
thread.join(long millisec)	等待该线程的时间最长为 millisec 毫秒
object.wait()	使当前线程等待
object.notify()/notifyAll()	使调用 wait()方法的线程释放锁

2.6.3 实例操作训练

> 学习入口：菜鸟教程→Java 教程→Java 实例→Java 线程。

Java 线程的实例列表如图 2-80 所示。

Java 线程

1. Java 实例 – 查看线程是否存活
2. Java 实例 – 获取当前线程名称
3. Java 实例 – 状态监测
4. Java 实例 – 线程优先级设置
5. Java 实例 – 死锁及解决方法
6. Java 实例 – 获取线程id
7. Java 实例 – 线程挂起
8. Java 实例 – 终止线程
9. Java 实例 – 生产者/消费者问题
10. Java 实例 – 获取线程状态
11. Java 实例 – 获取所有线程
12. Java 实例 – 查看线程优先级
13. Java 实例 – 中断线程

图 2-80

1. JDK 教学互动

实例：线程运行

线程运行的代码如图 2-81 所示。

编译、执行代码后的结果如图 2-82 所示。

D:\07test\2021-10-15S2002\TestThread.java - Notepad++ [Administrator]

```java
class RunnableDemo implements Runnable {
    private Thread t;
    private String threadName;

    RunnableDemo( String name) {
        threadName = name;
        System.out.println("Creating " +  threadName );
    }
    public void run() {
        System.out.println("Running " +  threadName );
        try {
            for(int i = 4; i > 0; i--) {
                System.out.println("Thread: " + threadName + ", " + i);
                Thread.sleep(50);                          // 让线程睡眠一会
            }
        }catch (InterruptedException e) {
            System.out.println("Thread " +  threadName + " interrupted.");
        }
        System.out.println("Thread " +  threadName + " exiting.");
    }
    public void start () {
        System.out.println("Starting " +  threadName );
        if (t == null) {
            t = new Thread (this, threadName);
            t.start ();
        }
    }
}

public class TestThread {
    public static void main(String args[]) {
        RunnableDemo R1 = new RunnableDemo( "Thread-1");
        R1.start();
        RunnableDemo R2 = new RunnableDemo( "Thread-2");
        R2.start();
    }
}
```

图 2-81

管理员: C:\Windows\system32\cmd.exe

```
D:\07test\2021-10-11S2002>cd D:\07test\2021-10-15S2002

D:\07test\2021-10-15S2002>javac -encoding UTF-8 TestThread.java

D:\07test\2021-10-15S2002>java TestThread
Creating Thread-1
Starting Thread-1
Creating Thread-2
Starting Thread-2
Running Thread-1
Thread: Thread-1, 4
Running Thread-2
Thread: Thread-2, 4
Thread: Thread-2, 3
Thread: Thread-1, 3
Thread: Thread-2, 2
Thread: Thread-1, 2
Thread: Thread-2, 1
Thread: Thread-1, 1
Thread Thread-1 exiting.
Thread Thread-2 exiting.
```

图 2-82

2. IDE 教学互动

实例：线程锁定

线程锁定的代码和执行结果如图 2-83 所示。

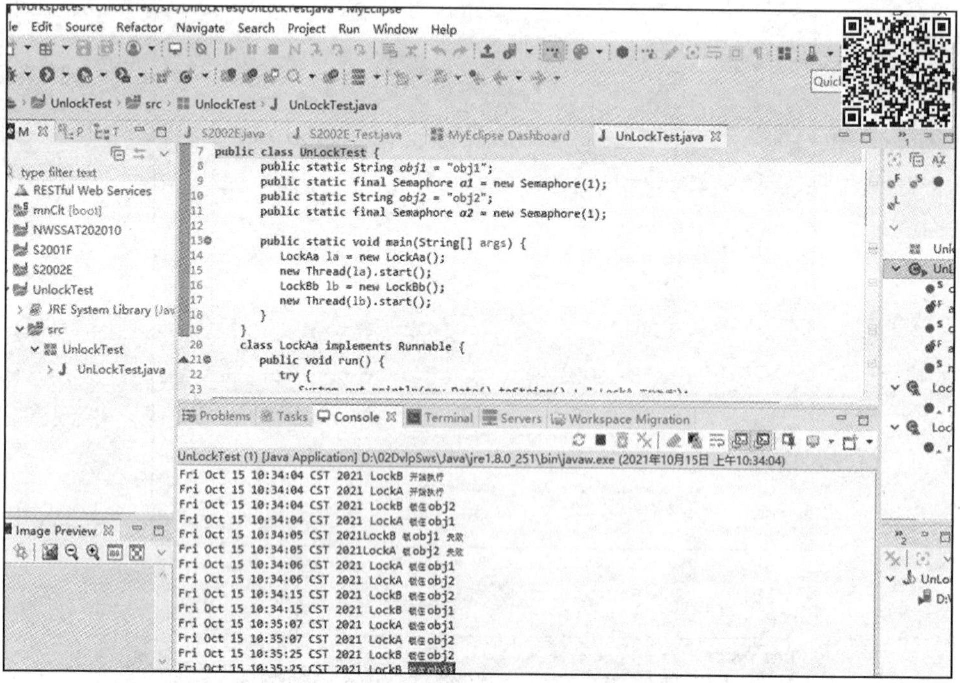

图 2-83

3. 独立作业训练

在 Java 线程的实例列表中选取一个实例，分别在 JDK 和 IDE 两种开发环境下进行操作训练，包括设计、编写、编译、执行和跟踪调试程序等内容，完成如图 2-84 所示的作业。要求将代码和运行结果截图，插入文档，并转换成 PDF 格式，在插入数字签名后，提交至云端教研室。

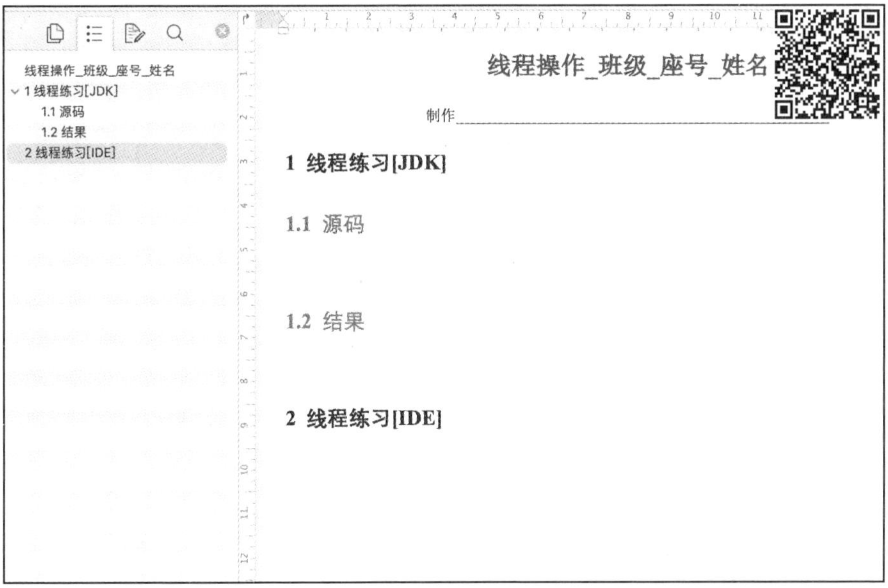

第 2 章 Java 基础训练

图 2-84

政治思想教育

学习《学史力行是党史学习教育的落脚点》。

第 3 章

经典案例实战

3.1 运算分析

3.1.1 基础知识汇总

本章的案例使用如下方法进行运算。
- ➢ 比较与转换：abs、ceil、floor、rint、round、min、max、toDegrees、toRadians。
- ➢ 复杂运算：exp、log、pow、sqrt、sin、cos、tan、asin、acos、atan、atan2。
- ➢ 随机数：random。

3.1.2 典型案例引用

1．经典数学运算

使用 Java 语言实现经典数学运算，案例总结如图 3-1 所示。

2．常用加密算法

常用加密算法的案例总结如图 3-2 所示。

3．使用 Java 语言实现数字滤波器

使用 Java 语言实现数字滤波器的案例如图 3-3 所示。

第 3 章 经典案例实战

Java 语言实现经典数学运算

01 兔子繁殖数量计算

问题描述

有一对兔子，从出生后第 3 个月起每个月都生一对兔子，小兔子长到第四个月后每个月又生一对兔子，假如兔子都不死，问每个月的兔子总数为多少？

设计思路

兔子的规律为数列 1,1,2,3,5,8,13,21....

代码编制

```
public class test{
    public static void main(String args[]){
        int i=0;
        for(i=1;i<=20;i++)
            System.out.println(f(i));
    }
```

图 3-1

常用加密算法

这篇文章主要介绍了 Java 常用加密算法,结合实例形式总结分析了 base64、md5、sha、rsa、des 等加密算法实现技巧,需要的朋友可以参考下

本文实例总结了 Java 常用加密算法。分享给大家供大家参考，具体如下：

项目中第一次深入地了解到加密算法的使用，现第一阶段结束，将使用到的加密算法和大家分享一下：

首先还是先给大家普及一下常用加密算法的基础知识

基本的单向加密算法

BASE64 严格地说，属于编码格式，而非加密算法
MD5(Message Digest algorithm 5，信息摘要算法)
SHA(Secure Hash Algorithm，安全散列算法)

复杂的加密算法

RSA(算法的名字以发明者的名字命名：Ron Rivest, AdiShamir 和 Leonard Adleman)
DES/3DES(Digital Signature Algorithm，数字签名)

国密算法

图 3-2

Java 语言及其应用实操

图 3-3

3.1.3 场景模拟互动练习

案例 1：日期推算

问题描述：输入某年某月某日，推算输入的日期是这一年的第几天。

设计思路：以 2021 年 3 月 5 日为例，先把 1 月和 2 月的天数相加，然后加上 5 天，即可推算出输入的日期是这一年的第几天。

> **提 示**
>
> 若输入的年份为闰年，则 2 月有 29 天。

编码和运行过程如图 3-4 所示。

> **特别说明**
>
> 本书采用引导式教学，图片仅展示关键步骤和运行结果，不列出详细代码，相关案例和代码可以通过扫描二维码查看。

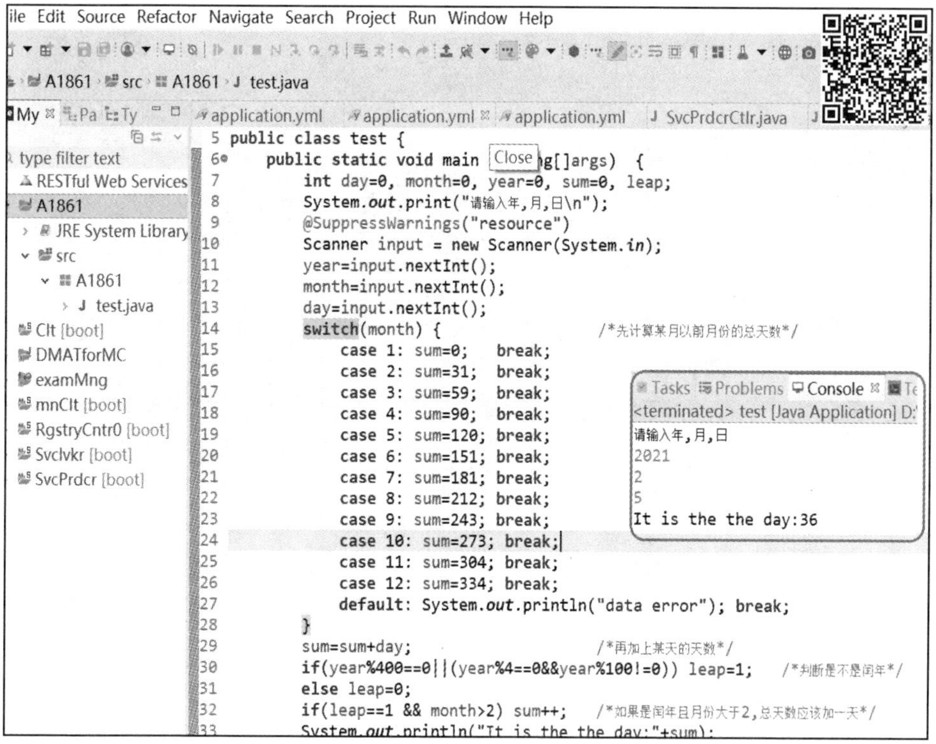

第3章 经典案例实战

图 3-4

案例 2：赛手名单

问题描述：两个乒乓球队进行比赛，各派出 3 名赛手：甲队为 a、b、c；乙队为 x、y、z。已抽签决定比赛名单。a 说不和 x 比，c 说不和 x、z 比，请使用 Java 语言编程，列出赛手名单。

编码和运行过程如图 3-5 所示。

案例 3：计算企业应发奖金总额

问题描述：某企业每月要为员工发放奖金，奖金总额是利润的提成。

> 当利润低于或等于 10 万元时，奖金总额为利润的 10%。
> 当利润高于 10 万元且低于 20 万元时，高于 10 万元的部分，奖金总额为利润的 7.5%。

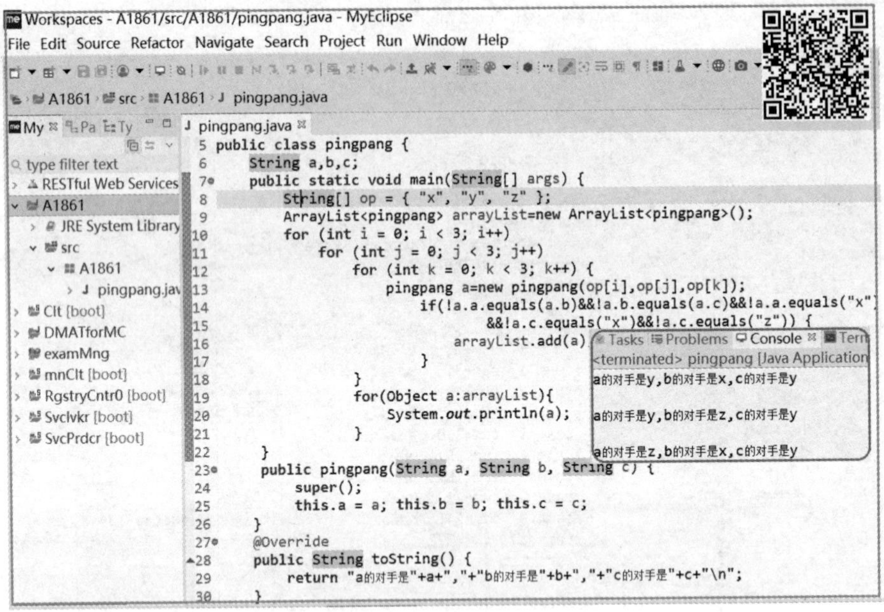

Java 语言及其应用实操

图 3-5

> 当利润高于 20 万元且低于 40 万元时，高于 20 万元的部分，奖金总额为利润的 5%。
> 当利润高于 40 万元且低于 60 万元时，高于 40 万元的部分，奖金总额为利润的 3%。
> 当利润高于 60 万元且低于 100 万元时，高于 60 万元的部分，奖金总额为利润的 1.5%。
> 当利润高于 100 万元时，超过 100 万元的部分，奖金总额为利润的 1%。

输入当月利润，求该企业应发放的奖金总额。
编码和运行过程如图 3-6 所示。

3.1.4 独立编程操作演练

从经典数学运算的案例中选取三个案例进行操作训练，包括设计、编写、编译、执行和跟踪调试程序等内容，完成如图 3-7 所示的作业。要求将代码和运行结果截图，插入文档，并转换成 PDF 格式，在插入数字签名后，提交至云端教研室。

第 3 章　经典案例实战

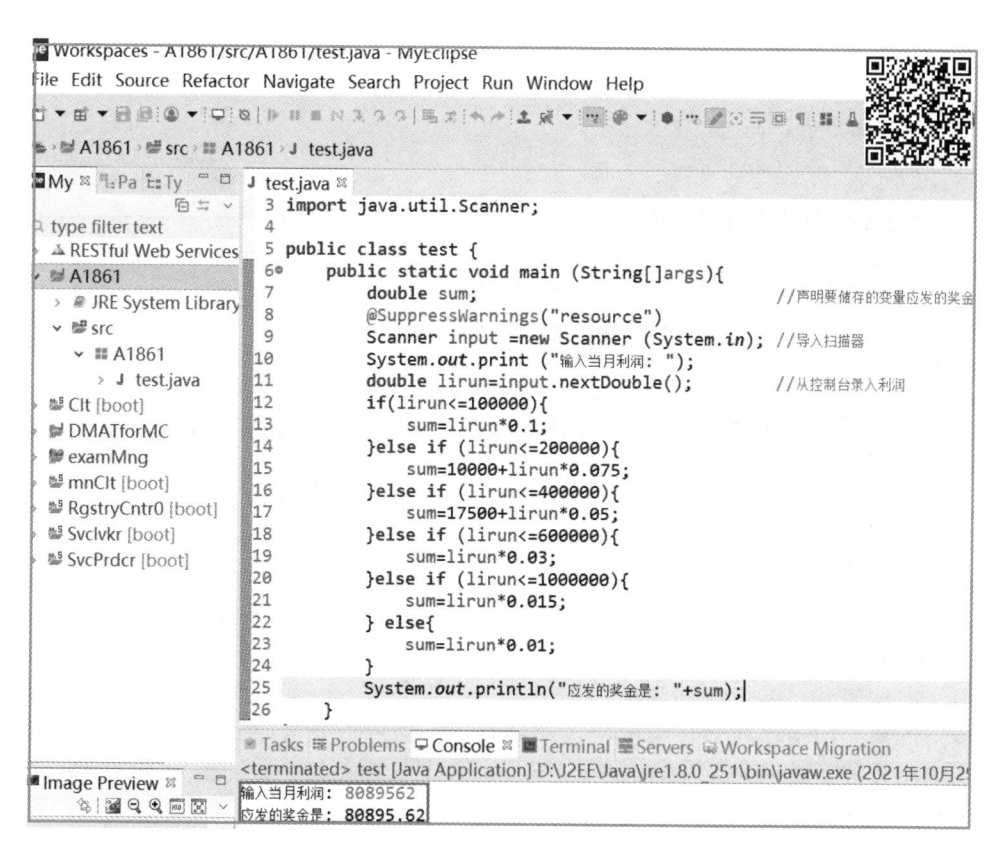

图 3-6

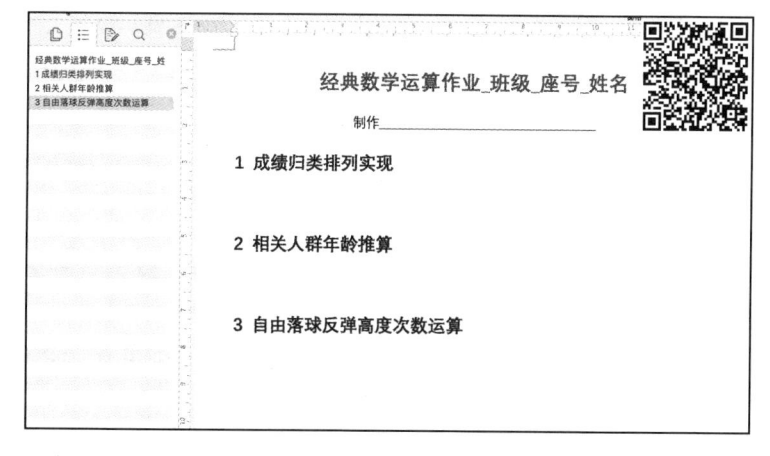

图 3-7

3.2 Web 后端服务支撑

3.2.1 基础知识汇总

本案例为 Web 项目，项目架构如下。

- 客户端/服务器（C/S）架构。
- Servlet：异域访问。
- 单体垂直架构：同域访问，后端实现业务，前端页面可视化展示。

3.2.2 Web 项目开发

1．项目架构

Web 项目从功能上可分为前端和后端两部分：前端是在浏览器、桌面应用、Android 移动应用、iOS 移动应用中直接面向用户的程序，直接被用户操作和使用，被称为客户端；后端应用部署、运行在服务器上，为前端提供数据和功能调用服务，用于操作和处理前端应用的数据，被称为服务器。客户端和服务器的架构通常被称为 C/S 架构：C 为 client 的缩写；S 为 server 的缩写。

2．开发流程

步骤 1 ▶▶ 确定需求

在确定需求阶段，主要由产品经理确定系统的功能与性能。确定具体需求后，产品经理会设计产品功能，通常称该阶段为产品原型设计过程。该阶段的核心目标是确定开发需求，完成产品原型设计。

步骤 2 ▶▶ 分析与设计

在确定需求后，进入分析与设计阶段。该阶段又分为几个小阶段，即架构分析与设计、业务逻辑分析、业务逻辑设计和界面设计等阶段。

- 架构分析与设计：分析、设计逻辑架构和物理架构（服务器配置、数据库配置），并对技术进行选型等。
- 业务逻辑分析：分析系统用户、使用目的、操作步骤、用户体验与反馈等。
- 业务逻辑设计：详细设计数据库、对象关系字段映射等。
- 界面设计：根据用户体验设计 UI 风格。

第3章 经典案例实战

步骤 3 ▶▶ 搭建开发环境

确定需求、分析与设计产品后，就正式进入开发阶段。首先是开发环境的搭建，包括硬件环境和软件环境：硬件环境是指开发机器、服务器等硬件设施；软件环境包含开发工具、项目管理平台、软件支持等。一般情况下，项目只有在开始或进行较大架构调整时，才进行开发环境的搭建，日常的迭代开发，可以免去此步骤，直接使用已有的开发环境即可。

步骤 4 ▶▶ 开发与测试

在实际的项目开发周期中，进行代码开发的周期往往较短，在代码开发结束后，还需对系统功能进行测试，此时由项目测试人员进行专业的白盒测试、黑盒测试、性能测试、压力测试等全方位、多角度的系统测试。该阶段的开发与测试交替进行，在实际的开发过程中会反复进行多轮测试，可保证开发人员开发的功能正确，保证系统的稳定性。当开发与测试阶段结束后，项目测试人员会对代码封版并进行最终测试。如果通过最终测试，则会将项目部署上线。

除了上述介绍的几个主要的开发环节，还有内部评审、产品验收等环节。Web项目完整的开发流程如图3-8所示。

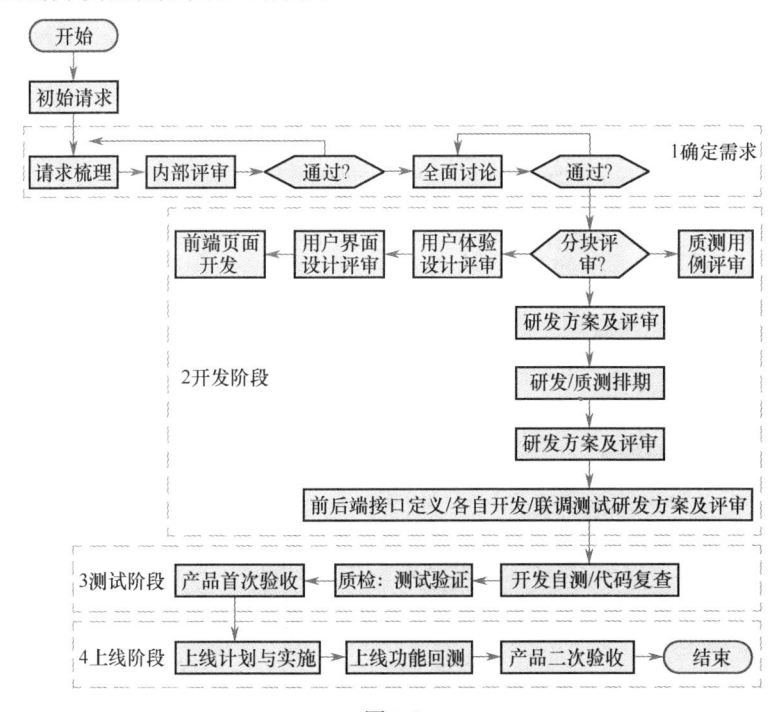

图 3-8

Java 语言及其应用实操

3.2.3 场景模拟互动练习

本案例可实现展示随机数的功能，前端页面展示 1~100 中的随机数，并且每 3 秒更新一次随机数。

步骤 1 创建项目架构，关键代码和项目架构如图 3-9 所示。

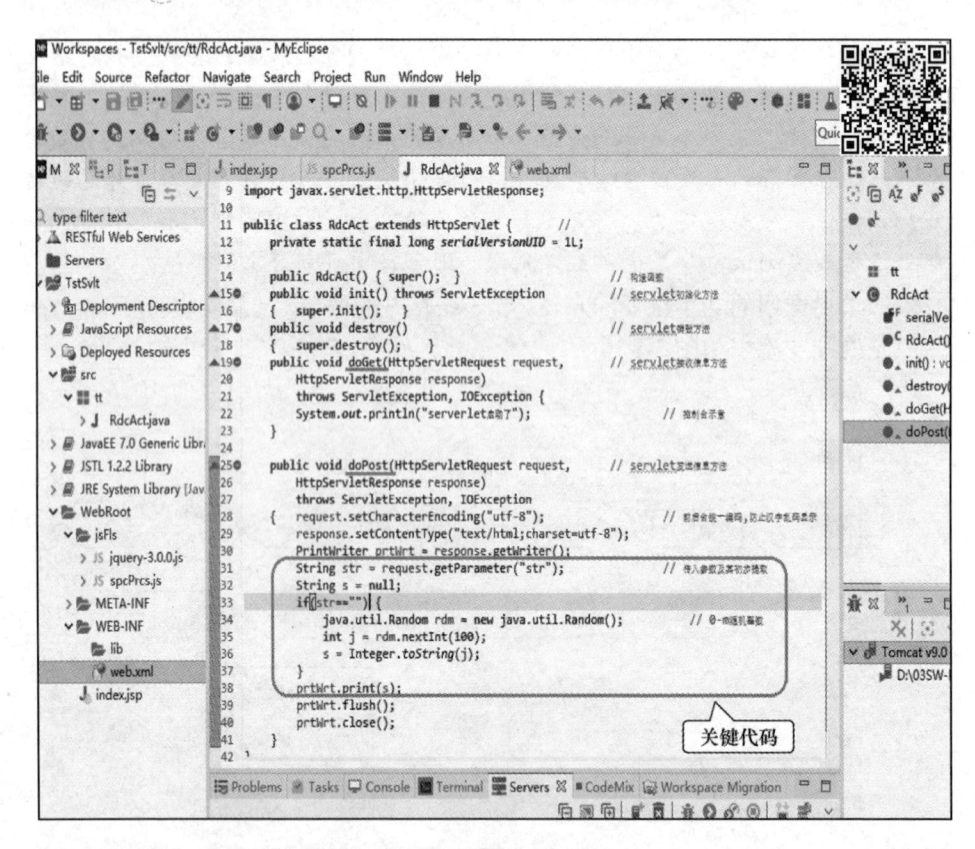

图 3-9

步骤 2 前端展示随机数的代码如图 3-10 所示。

• 94 •

第 3 章　经典案例实战

图 3-10

步骤 3 ▶ 设置 Servlet 服务的代码如图 3-11 所示。

Java 语言及其应用实操

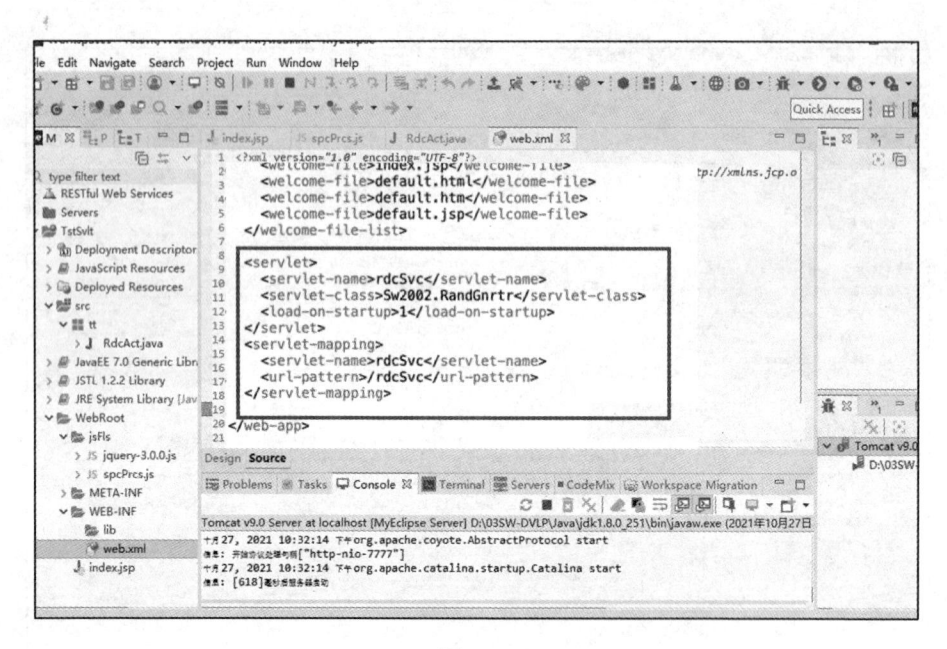

图 3-11

步骤 4 ▶▶ 代码的跟踪调试和运行效果如图 3-12 所示。

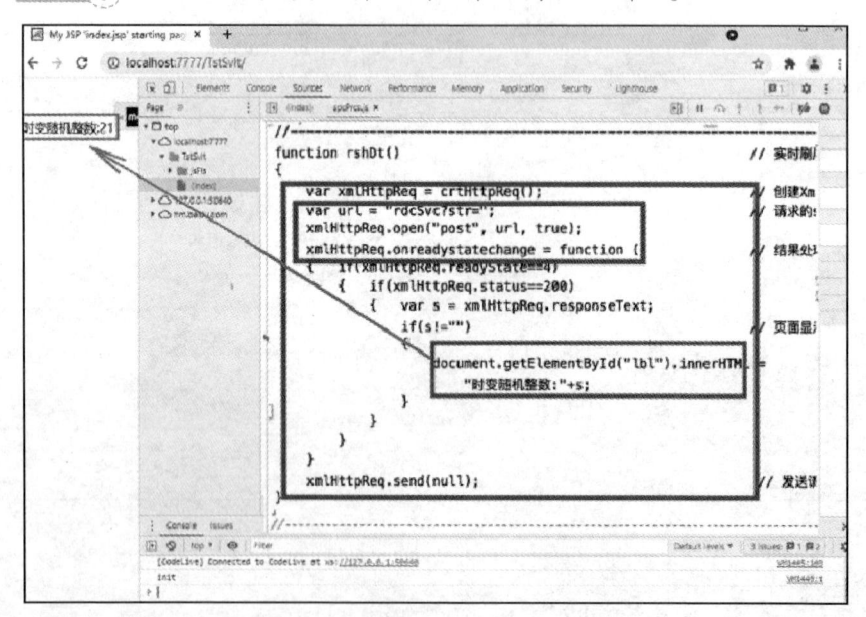

图 3-12

3.2.4 独立编程操作演练

使用 Java 语言编程，在前端页面展示 1~100 中的随机数，每 3 秒更新一次随机数，并完成如图 3-13 所示的作业。要求将代码和运行结果截图，插入文档，并转换成 PDF 格式，在插入数字签名后，提交至云端教研室。

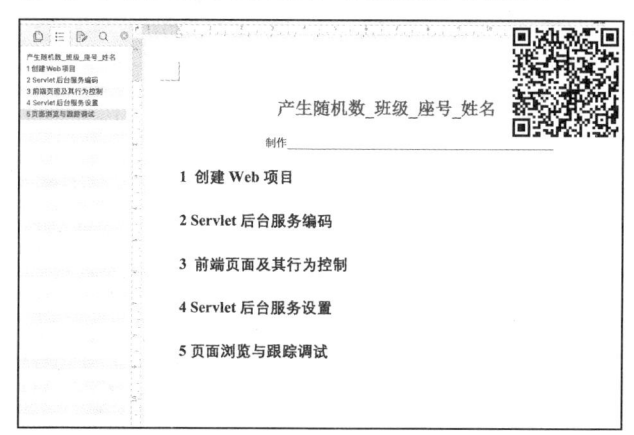

图 3-13

3.3 测控与数据交互

3.3.1 基础知识汇总

- 使用 Maven 项目管理工具与 Spring Cloud 微服务框架。
- 采用客户端/服务器（C/S）模式：客户端模拟受控车辆，服务器端实现车辆运行与监控。
- 远程测控框架由传统的 Socket 网络通信变为 Apache MINA。
- 页面实时监控由 WebSocket 协议的定时请求、刷新改为 SSE（Server-Sent Events）。
- 使用 TCP 和 UDP 协议进行远程通信。

3.3.2 Apache MINA

本项目采用 Apache MINA 框架。图 3-14 展示了 Apache MINA 与应用层、底层网络之间的关系，以及 Apache MINA 的组成部分。

Java 语言及其应用实操

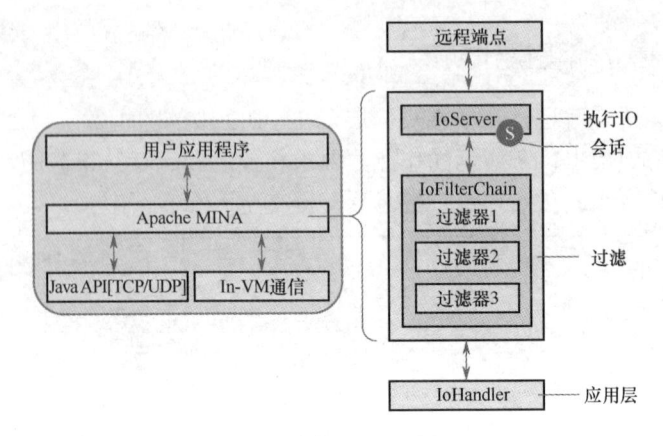

图 3-14

图 3-15 展示了 Apache MINA 客户端和服务器端的代码。

图 3-15

· 98 ·

3.3.3 场景模拟互动练习

1. 服务器端实现车辆运行与监控

步骤 1 创建微服务软件体系架构，所使用的 Spring 开源架构工具如图 3-16 所示。

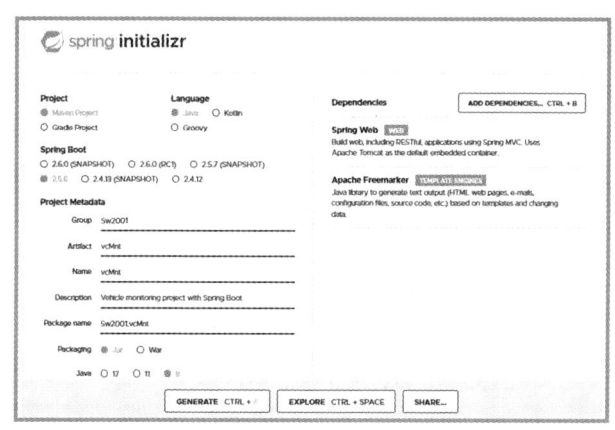

图 3-16

步骤 2 导入项目并添加依赖，如图 3-17 所示。

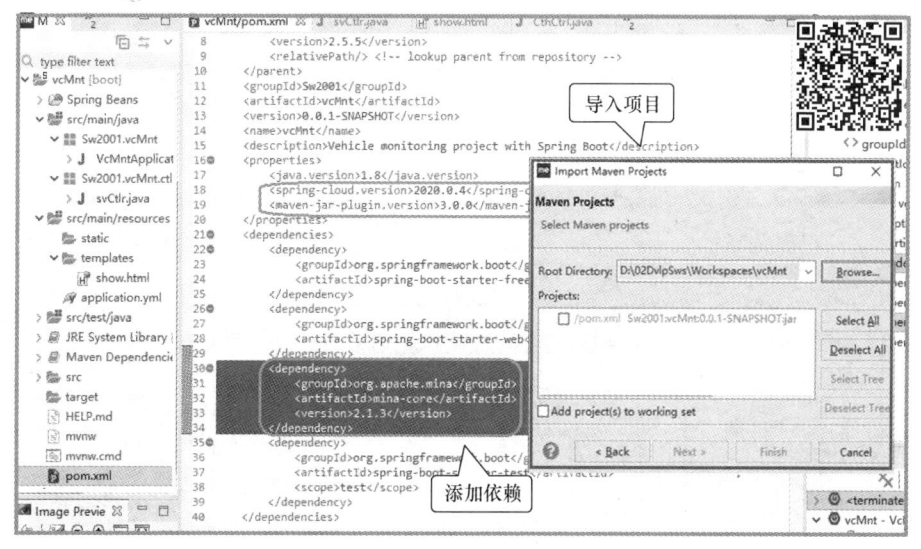

图 3-17

Java 语言及其应用实操

步骤 3 ▶ 添加 Server 服务代码，即在应用主类中添加 Server Bean，如图 3-18 所示。

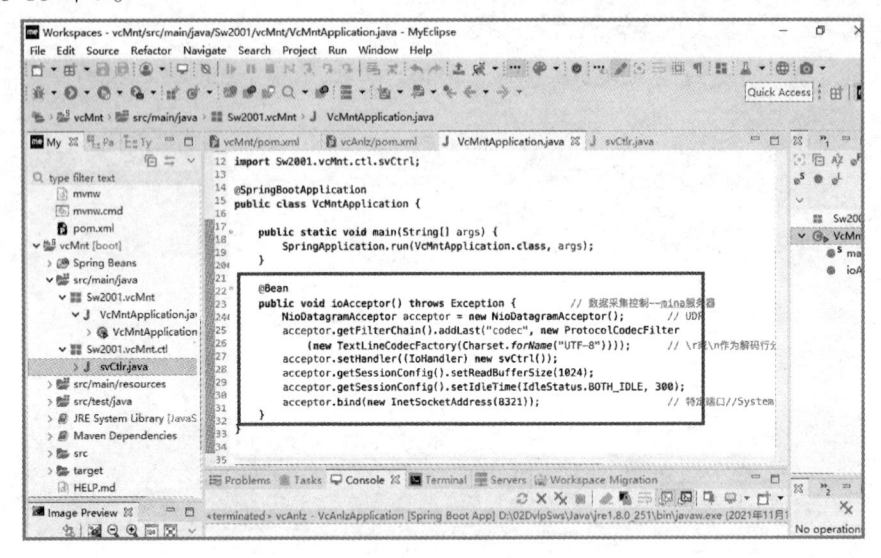

图 3-18

步骤 4 ▶ 添加实现接收和发送监控信息功能的代码，如图 3-19 所示。

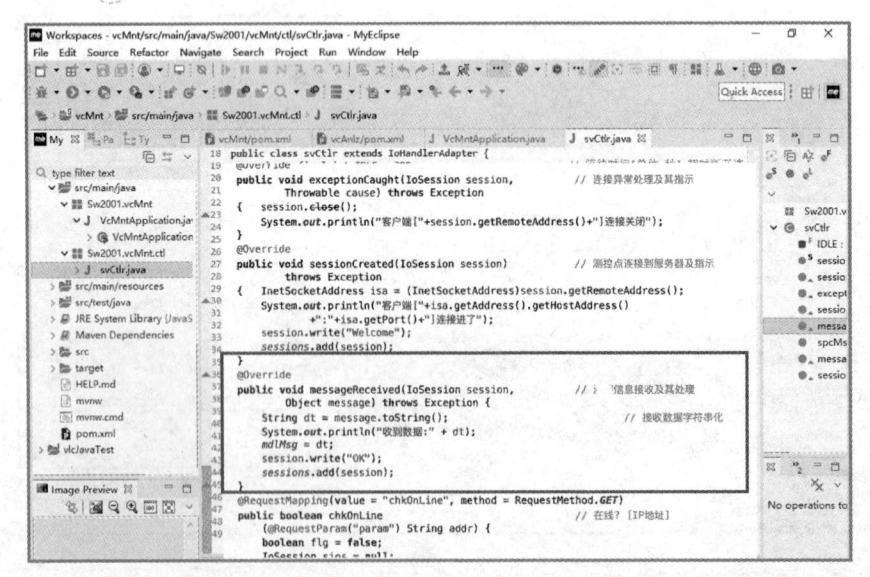

图 3-19

第 3 章 经典案例实战

步骤 5 ▶ 使用网络调试助手作为 UDP 客户端，在连接 Apache MINA 服务器后，即可构成最小运行系统，调试该系统的过程如图 3-20 所示。

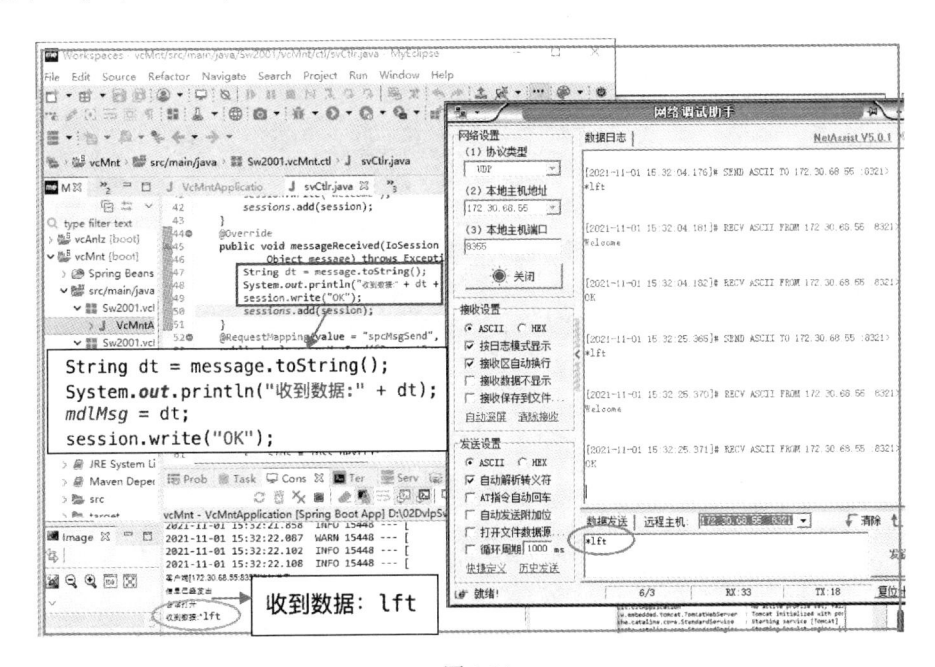

图 3-20

步骤 6 ▶ 在 application.yml 中进行编码，如图 3-21 所示。

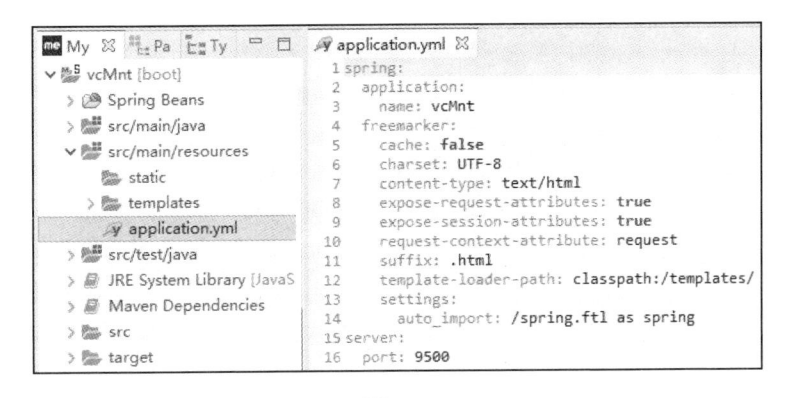

图 3-21

步骤 7 ▶ 创建简单的 Web 展示页面，如图 3-22 所示。

· 101 ·

Java 语言及其应用实操

图 3-22

步骤 8 ▶▶ 添加 Web 服务代码，如图 3-23 所示。

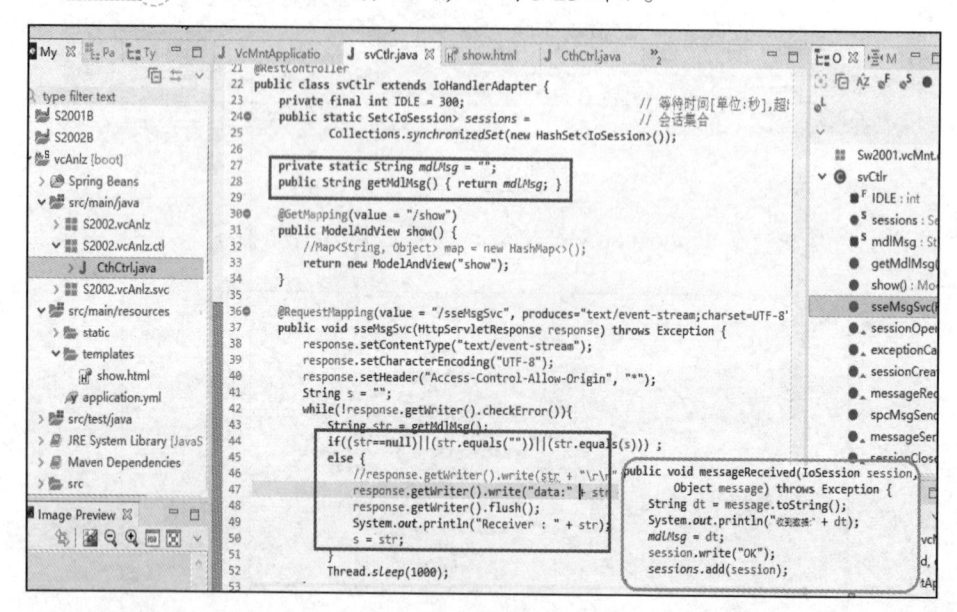

图 3-23

步骤 9 ▶▶ Web 页面接收监控信息。通过网络调试助手发送 Apache MINA 服务器的数据，并展现在 Web 页面，如图 3-24 所示。

· 102 ·

第 3 章 经典案例实战

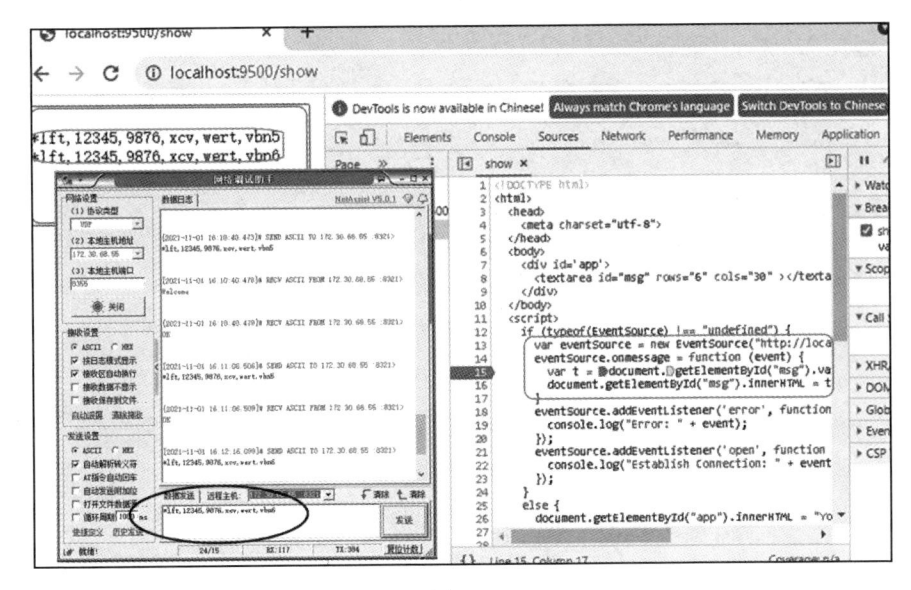

图 3-24

2. 客户端模拟受控车辆

步骤 1 ▶ 添加 Client 服务代码，应用主类添加 Client Bean，如图 3-25 所示。

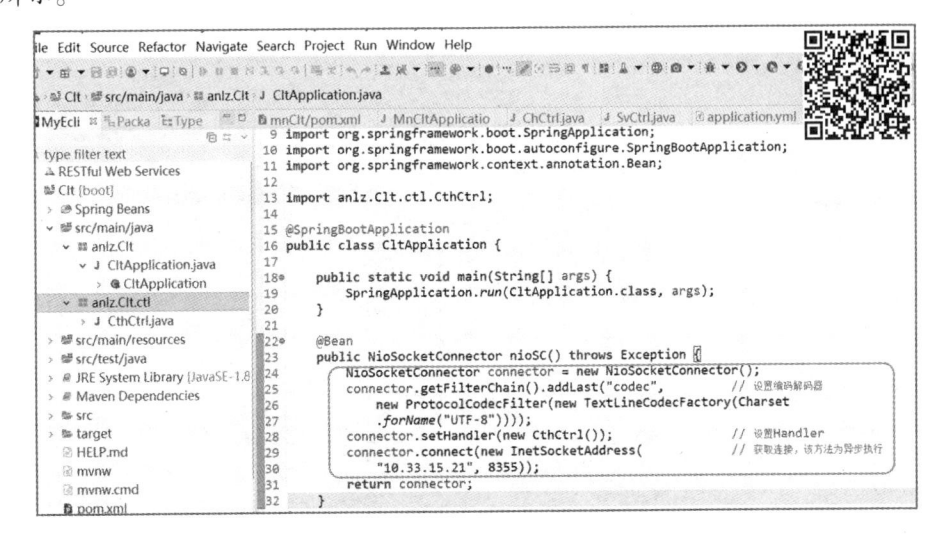

图 3-25

Java 语言及其应用实操

步骤 2 ▶ 添加实现接收和发送监控信息功能的代码，如图 3-26 所示。

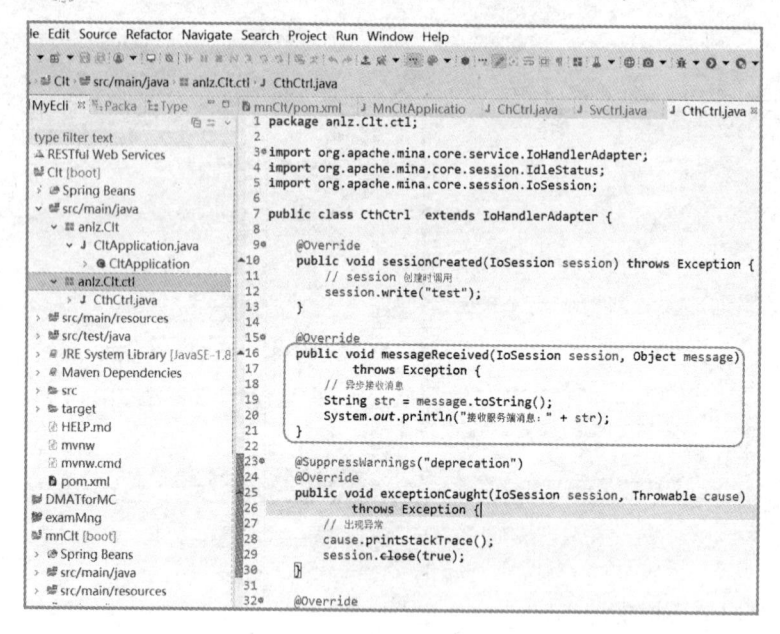

图 3-26

步骤 3 ▶ 使用网络调试助手作为 TCP 客户端，运行 Apache MINA 客户端，并连接 Apache MINA 服务器，从而构成最小运行系统，模拟调试的运行过程如图 3-27 所示。

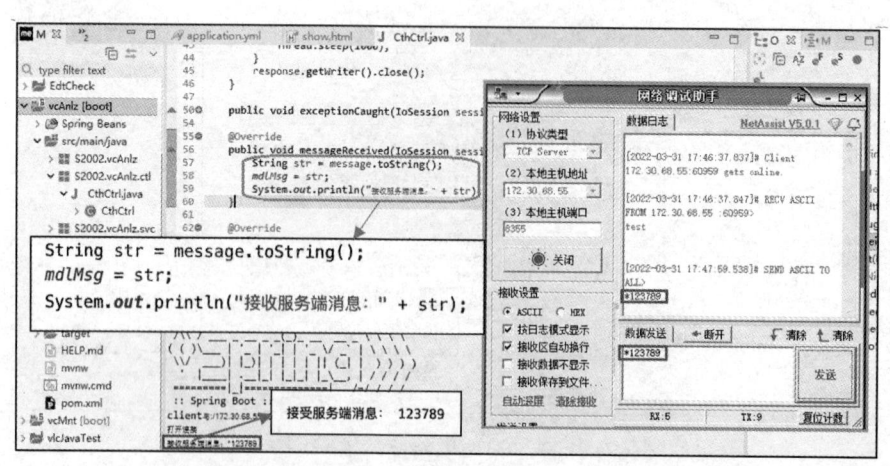

图 3-27

第 3 章 经典案例实战

步骤 4 ▶ 创建 Web 展示页面，如图 3-28 所示。

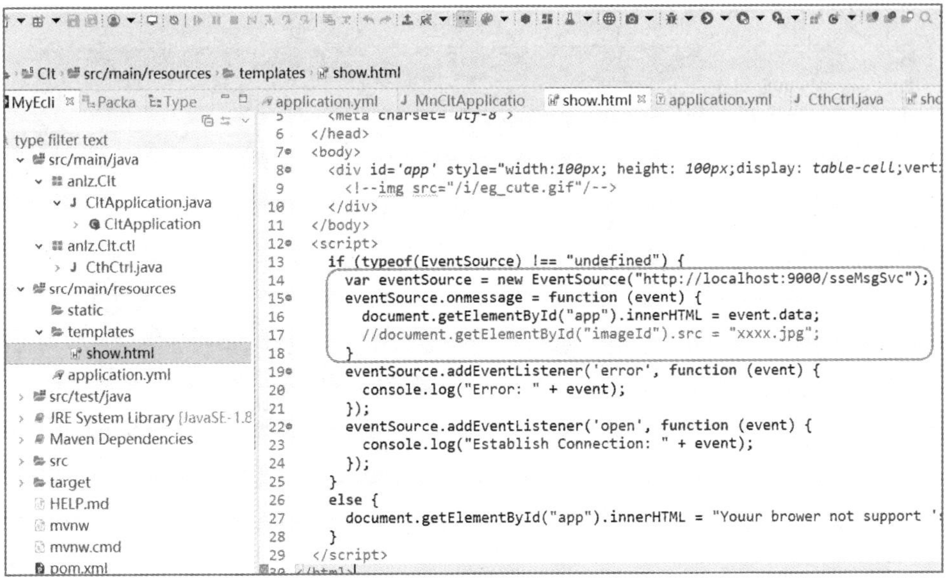

图 3-28

步骤 5 ▶ 添加相关服务代码，如图 3-29 所示。

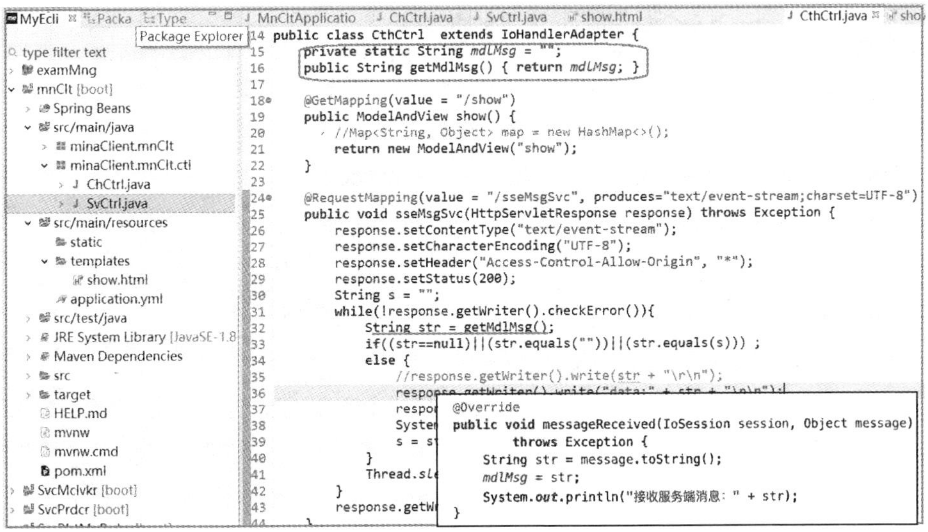

图 3-29

Java 语言及其应用实操

步骤 6 ▶ Web 页面的调试过程如图 3-30 所示。图中标明了调试编码和窗口的对应关系。

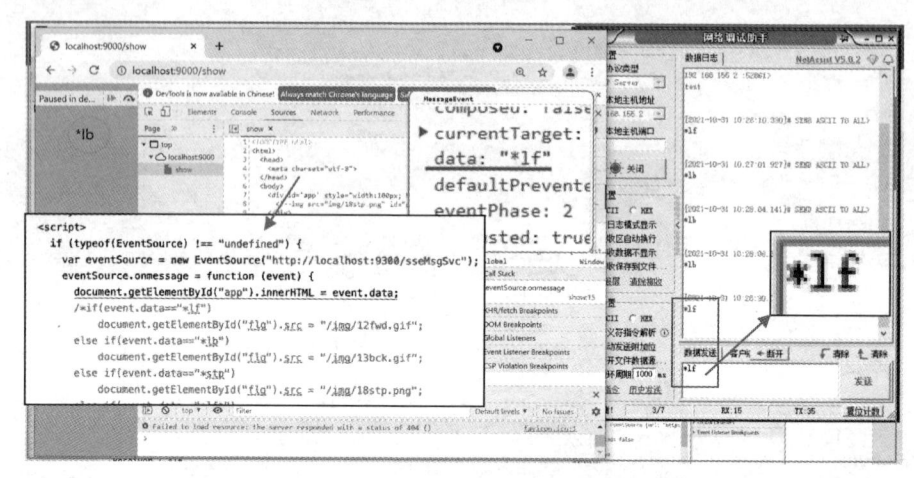

图 3-30

步骤 7 ▶ 图 3-31 展示了 Web 页面模拟受控车辆运行的调试过程。图中标明了调试编码和窗口的对应关系。

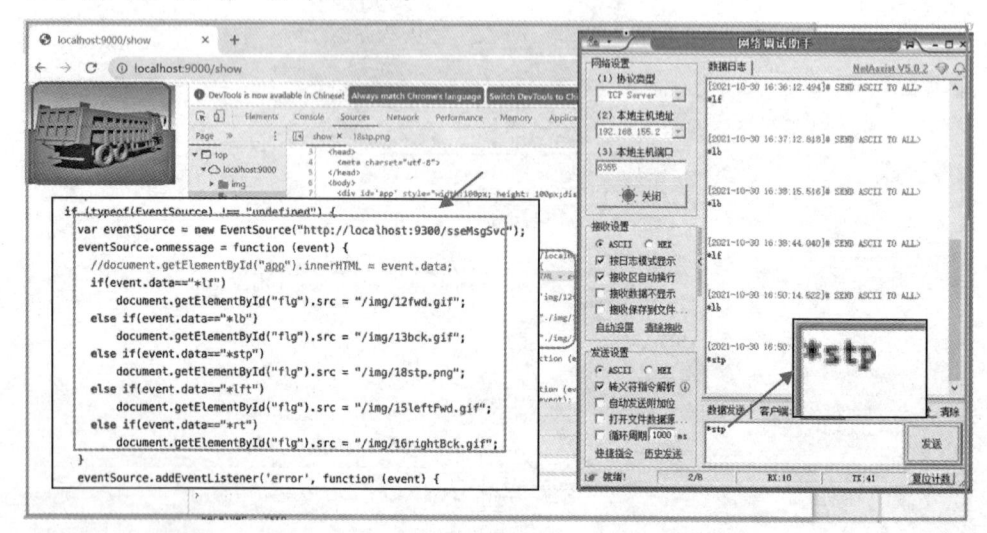

图 3-31

步骤 8 ▶ 打包、部署和运行微服务，分别如图 3-32、图 3-33 所示。图中

· 106 ·

第 3 章 经典案例实战

标明了调试编码和窗口对应关系。

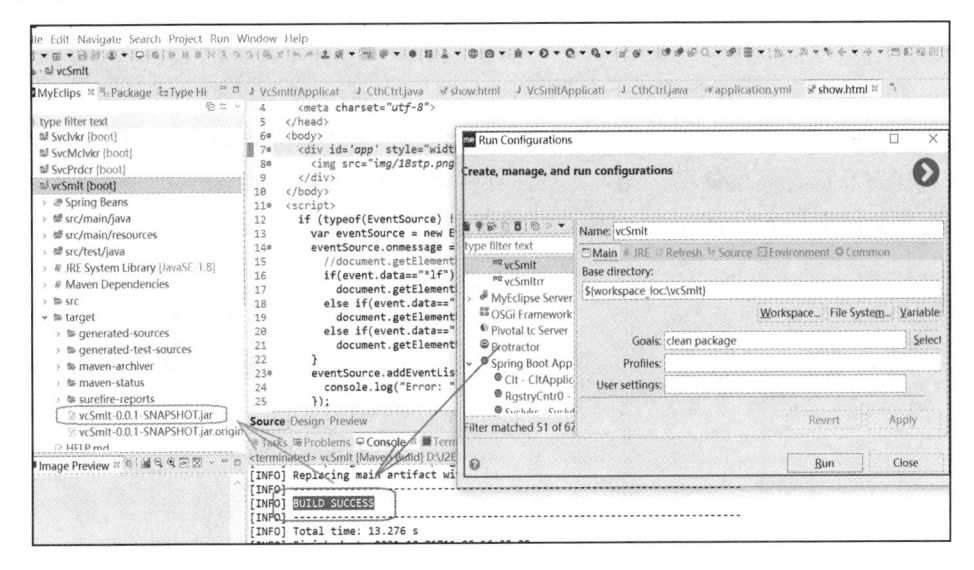

图 3-32

图 3-33

3.3.4 独立编程操作演练

1. 服务器端模拟车辆运行与监控

在完成服务器端模拟车辆运行与监控项目后，完成如图 3-34 所示的作业。要求将代码和运行结果截图，插入文档，并转换成 PDF 格式，在插入数字签名后，提交至云端教研室。图 3-35 为作业的成绩表。

```
车辆运行与监控
        制作人_____

1  微服务软件体系简单架构


2  项目导入及其依赖添加


3  添加 Server 服务代码

3.1 应用主类添加 Server Bean


3.2 收发控制处理类添加


3.3 模拟调试运行
```

图 3-34

编号	姓名	1[1]	2[1]	2.3[1]	3.1[1]	3.2[1]	4.1[1]	4.2[1]	4.3[1]	4.4[1]	5.1[1]	5.2[2]	5.3[2]	排版[2]	签名[2]	内容[2]	合计[14]
0101																	
0102																	
0103																	
0104																	
0105																	
0106																	
0107																	
0108																	
0109																	
0110																	

图 3-35

2. 模拟车辆受控运行

在完成模拟车辆受控运行项目后，完成如图 3-36 所示的作业。要求将代码和运行结果截图，插入文档，并转换成 PDF 格式，在插入数字签名后，提交至云端教研室。图 3-37 为作业的成绩表。

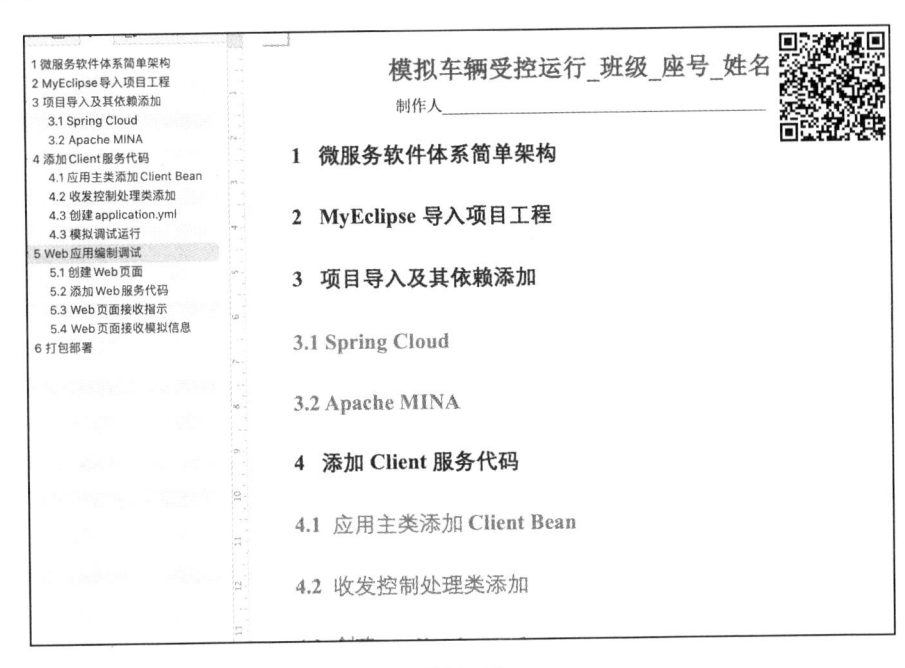

图 3-36

图 3-37

> **政治思想教育**
>
> 学习《中国共产党的历史使命与行动价值》。

第 4 章

项目综合演练

4.1 简易计算器的可视化实现

4.1.1 知识汇总

- 项目类型：Java 项目。
- 开发环境：Eclipse、MyEclipse、WindowBuilder、Swing、SWT 等。
- 可视化控件：System、Composites、Layouts、Controls、Form API、Menu、Contains、JFace、SQT、AWT 等。
- 重点掌握：事件驱动、事件监听。

4.1.2 场景模拟互动教学

步骤 1 ▶▶ 创建 WindowBuilder 项目，步骤如图 4-1 所示。

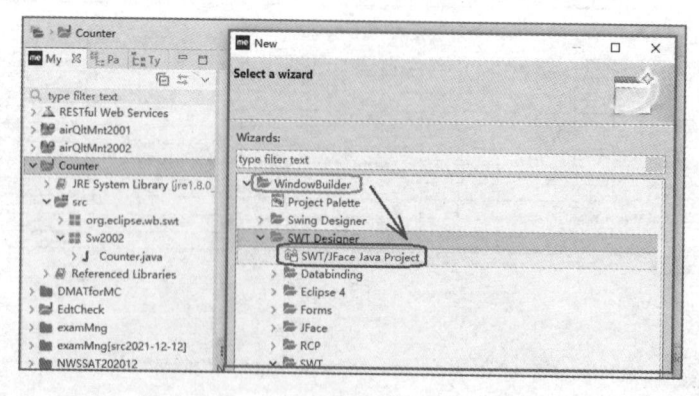

图 4-1

第 4 章 项目综合演练

> **特别说明**
>
> 本书采用引导式教学，图片仅展示关键步骤和运行结果，不列出详细代码，相关案例可以通过扫描二维码查看。

步骤 2 ▶▶ 创建 SWT 可视化窗口，步骤如图 4-2 所示。

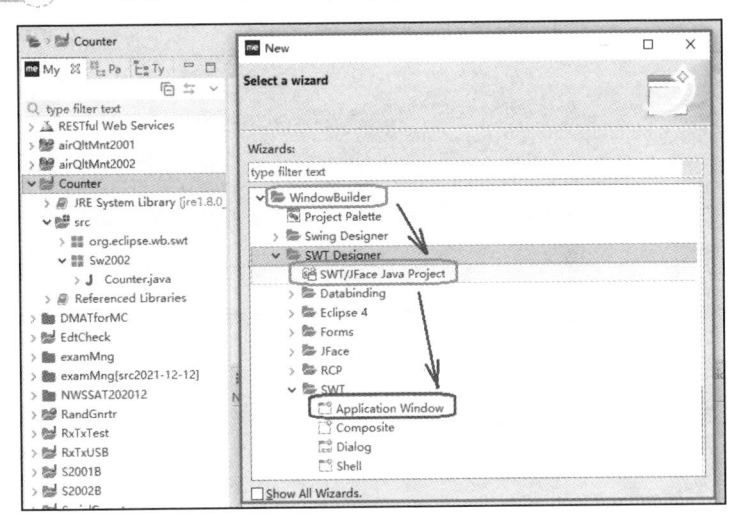

图 4-2

步骤 3 ▶▶ 设计简易计算器的界面，如图 4-3 所示。

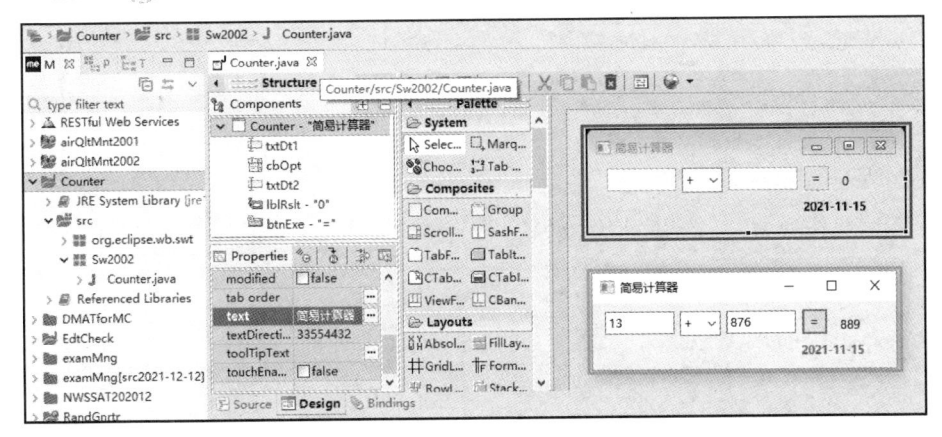

图 4-3

· 111 ·

Java 语言及其应用实操

步骤 4 ▶▶ 编写、运行、调试代码。在处理按钮事件时，可获取操作数、被操作数和运算类型三个对象。运算类型包括加、减、乘、除等，根据运算类型，执行相应的数学运算，将运算结果返回，并在窗口中展示，如图 4-4 所示。

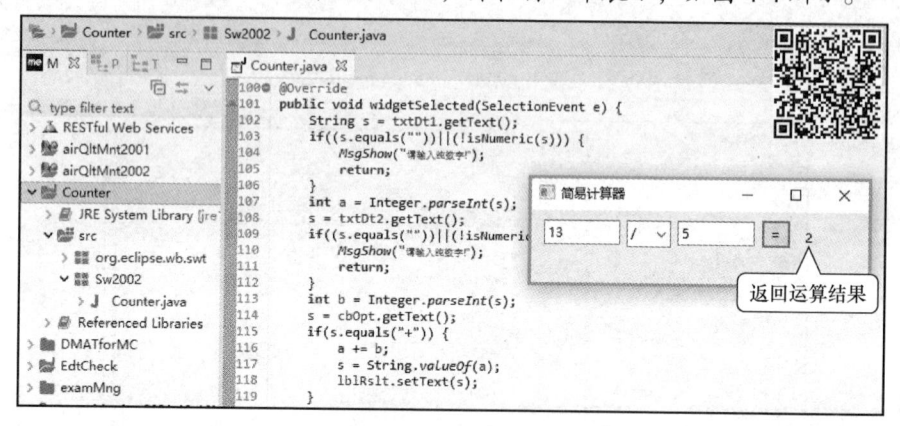

图 4-4

步骤 5 ▶▶ 异常处理。在本案例中需要处理的异常主要有如下两种。

➢ 输入的操作数或被操作数为空。图 4-5 为输入的操作数或被操作数为空时的异常处理。

➢ 进行除法运算时，零为除数。图 4-6 为进行除法运算时，零为除数时的异常处理。

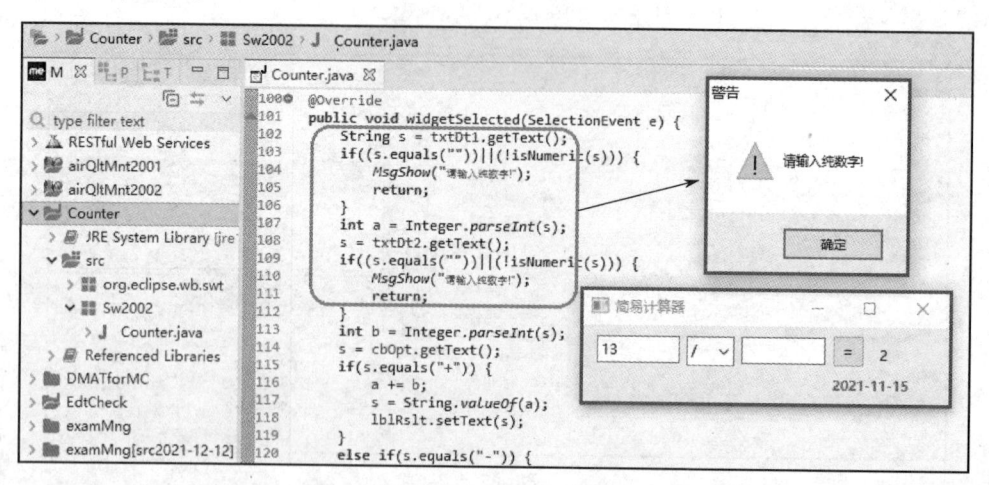

图 4-5

第 4 章 项目综合演练

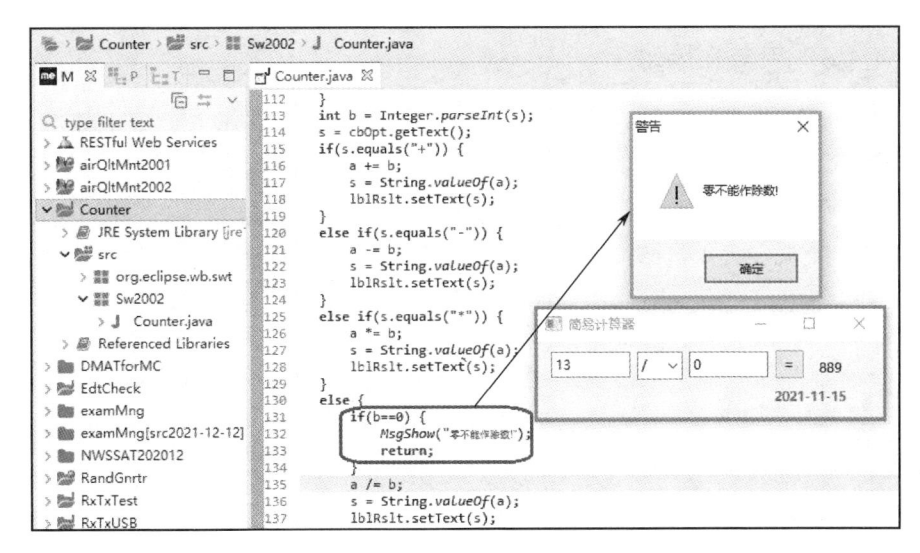

图 4-6

4.1.3 独立编程操作演练

在完成简易计算器的可视化实现项目后，完成如图 4-7 所示的作业。要求将代码和运行结果截图，插入文档，并转换成 PDF 格式，在插入数字签名后，提交至云端教研室。

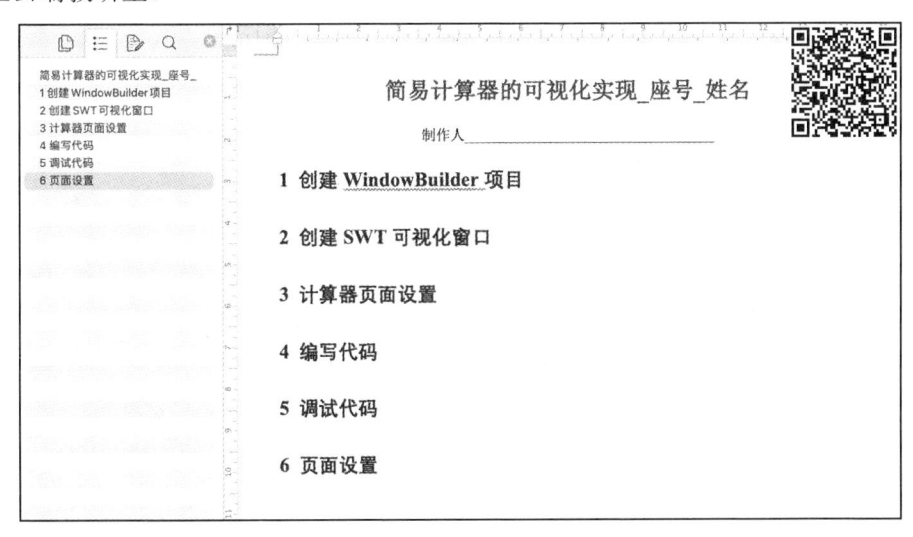

图 4-7

4.1.4 思考和演练

设计并使用 Java 语言完成如图 4-8 所示的"编辑校验"窗口，要求如下。

- ➢ "姓名"文本框的内容不能为空，且长度不超过 20 个字符。
- ➢ "年龄"文本框的内容不能为空，输入的内容必须为数字且大小不超过 100。
- ➢ "电邮"文本框的内容不能为空，输入的内容必须包含"@"和"."。

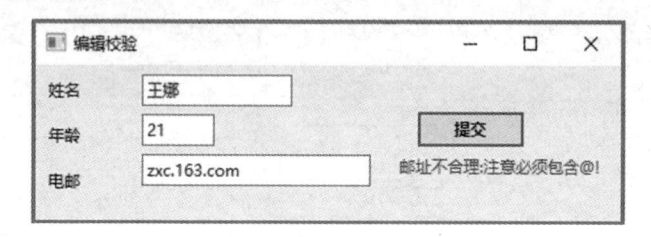

图 4-8

4.2 可视化串口通信设计

4.2.1 知识汇总

- ➢ 项目类型：Java 项目。
- ➢ 开发环境：Eclipse、MyEclipse、WindowBuilder、Swing、SWT 等。
- ➢ 可视化控件：System、Composites、Layouts、Controls、Form API、Menu、Contains、JFace、SQT、AWT 等。
- ➢ 重点掌握：事件驱动、事件监听。
- ➢ 实现功能：串口动态选择、收发测试、终端运行参数的查询和设置。
- ➢ 项目设计：
  - ■ 实时数据接收。
  - ■ 串口数目变化：线程每 2 秒检测一次。
  - ■ 窗口指示控件实时刷新数据：线程操作。
  - ■ 实操：使用 USB 转串口模块（UART 模块）进行收发测试。

4.2.2 场景模拟互动教学

本项目将电脑 RS-232C 串口的 RXD 与 TXD 引脚连接在一起进行调试。

第 4 章 项目综合演练

串口通信窗口如图 4-9 所示。

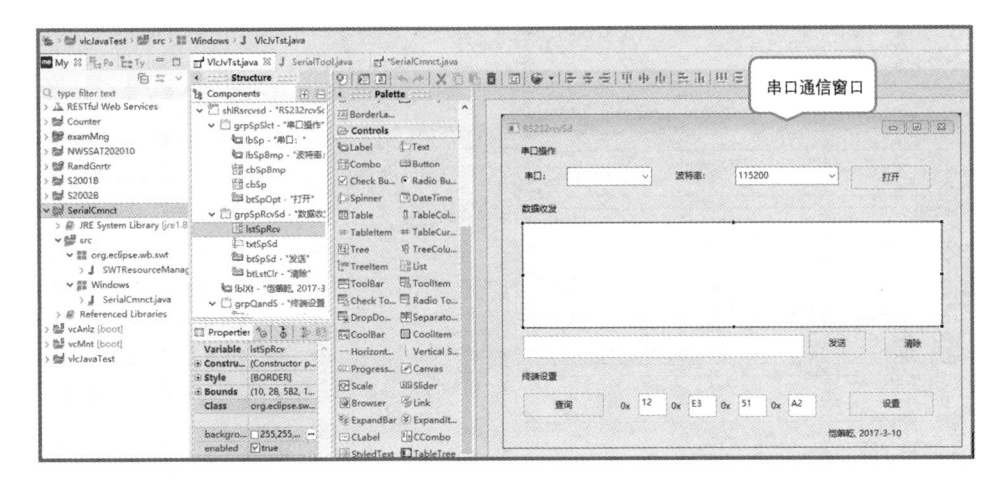

图 4-9

> **提 示**
>
> 如果笔记本电脑没有串口，则可使用 USB 转 UART 模块进行测试。

步骤 1 ▶ 配置文件。

- 在系统环境中引入动态库：在 Java\jre1.8.0_251\bin 中引入 rxtxSerial.dll。
- 在系统环境中引入 jar 包：在 Java\jre1.8.0_251\bin 中引入 RXTXcomm.jar。
- 在 src 文件夹中引入 cmnct（通信操控类）和 excpt（异常处理类），如图 4-10 所示。

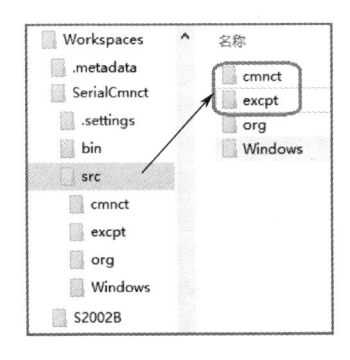

图 4-10

· 115 ·

Java 语言及其应用实操

➢ 在项目路径中引入 RXTXcomm.jar，如图 4-11 所示。

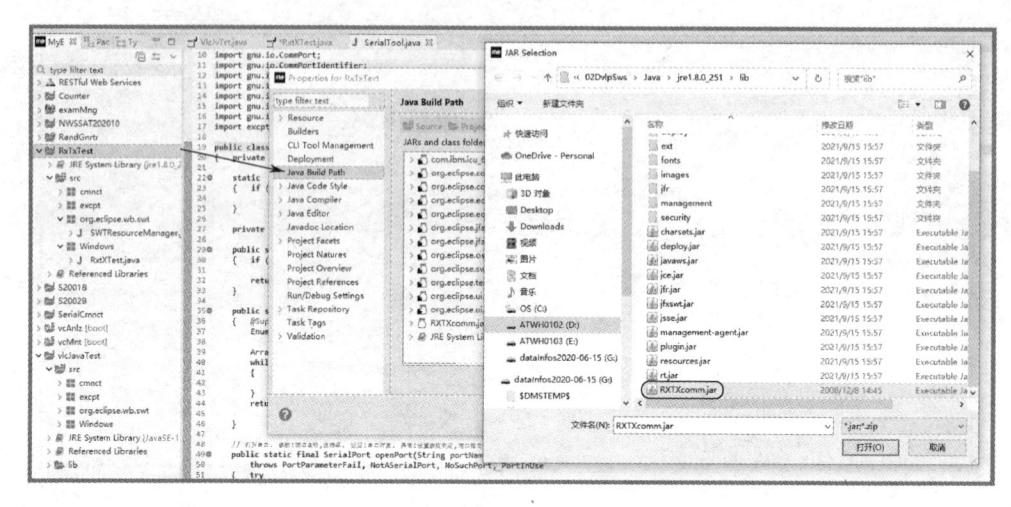

图 4-11

步骤 2 ➢ 初始化窗口，设置窗口位于屏幕中央，创建消息提示，代码如图 4-12 所示。

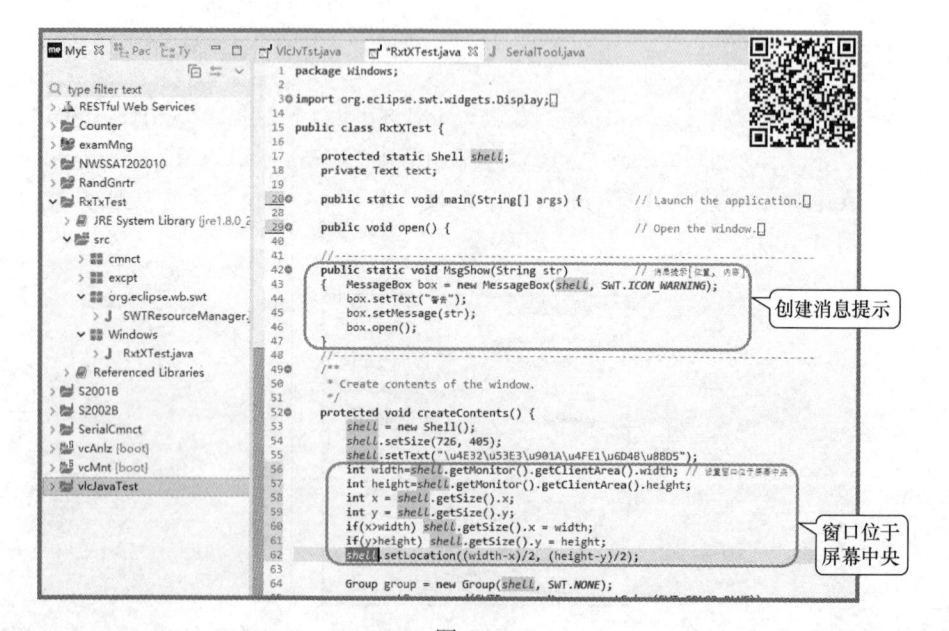

图 4-12

第 4 章 项目综合演练

步骤 3 ▶ 启动串口设备变化处理线程，监测串口变化，代码如图 4-13 所示。

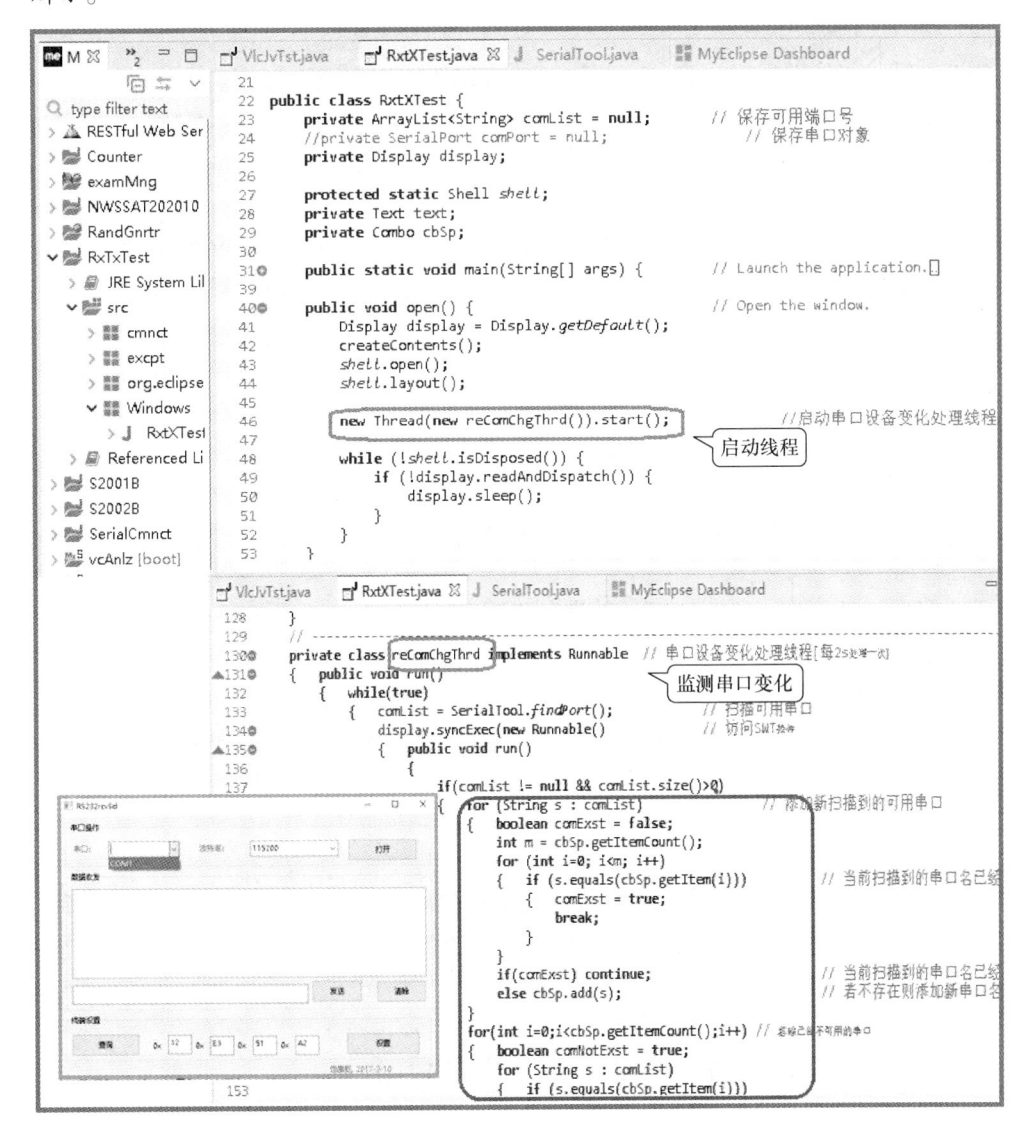

图 4-13

步骤 4 ▶ 实现串口的数据发送功能，如图 4-14 所示。
步骤 5 ▶ 创建接收数据的线程，如图 4-15 所示。

Java 语言及其应用实操

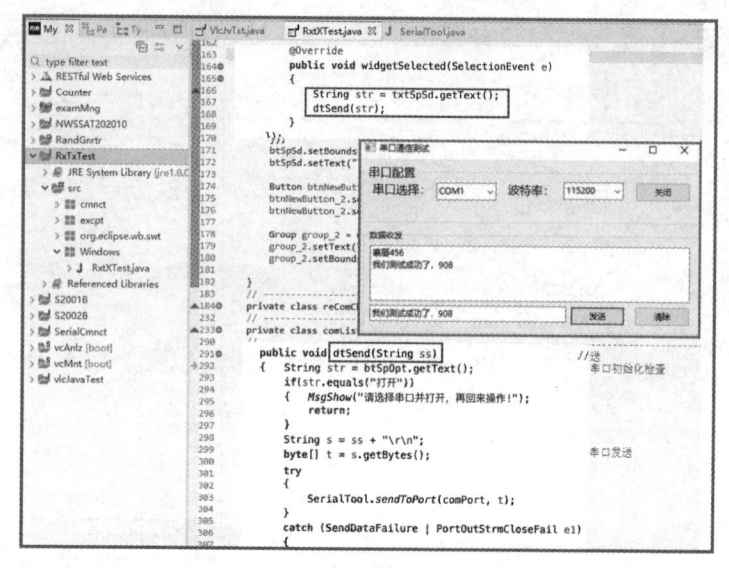

图 4-14

图 4-15

第 4 章 项目综合演练

步骤 6 ▶▶ 实现终端的十六进制通信功能。

➢ 实现查询特定设备的方法，如图 4-16 所示。

图 4-16

➢ 实现设置特定设备的方法，如图 4-17 所示。

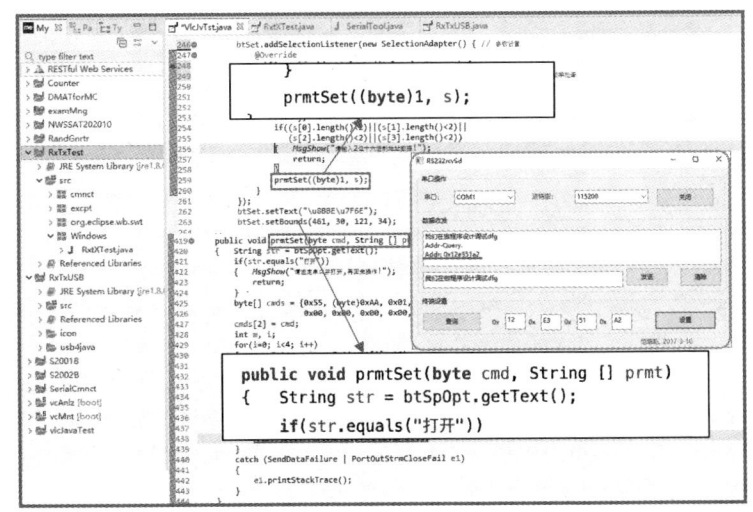

图 4-17

➢ 接收十六进制数据，并显示转换后的数据，如图4-18所示。

```java
public void run()
{
    if((data[0]==0x55)&&(data[1]==-86)&&(data[2]==1))    // 字节流设置分析处理
    {   String sa = "Addr: 0x";
        /*sa += Integer.toHexString(data[7]);
        sa += Integer.toHexString(data[6]);
        sa += Integer.toHexString(data[5]);
        sa += Integer.toHexString(data[4]);/**/
        sa += Integer.toHexString((data[7]&0xFF));
        sa += Integer.toHexString((data[6]&0xFF));
        sa += Integer.toHexString((data[5]&0xFF));
        sa += Integer.toHexString((data[4]&0xFF));
        sa += "\r\n";
        lstSpRcv.add(sa);
    }
    else if((data[0]==0x55)&&(data[1]==-86)&&(data[2]==0))    // 字节流查询分析处理
    {   String sa = "Addr-Query.";
        sa += "\r\n";
        lstSpRcv.add(sa);
    }
    else lstSpRcv.add(orgDt);    // 字节流分析处理
}
```

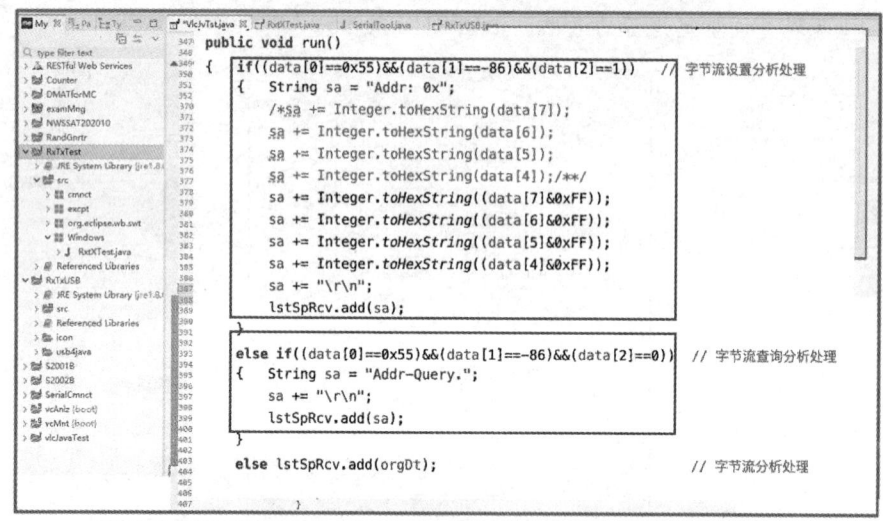

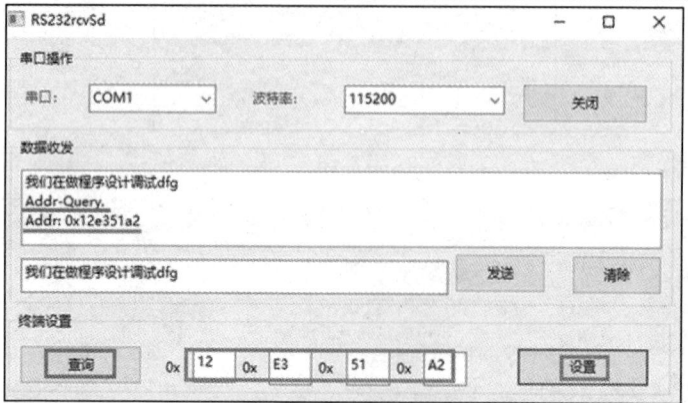

图 4-18

步骤 7 ▶ 打包并发布项目，如图4-19所示。

步骤 8 ▶ 通过运行jar文件，可打开该项目。若想成功运行jar文件，则需设置如下内容。

➢ 安装JDK。
➢ 导入rxtxSerial.dll、RXTXcomm.jar。
➢ 设置环境或系统变量路径。

此时运行RxTxCmnct.jar，即可打开该项目。

第 4 章 项目综合演练

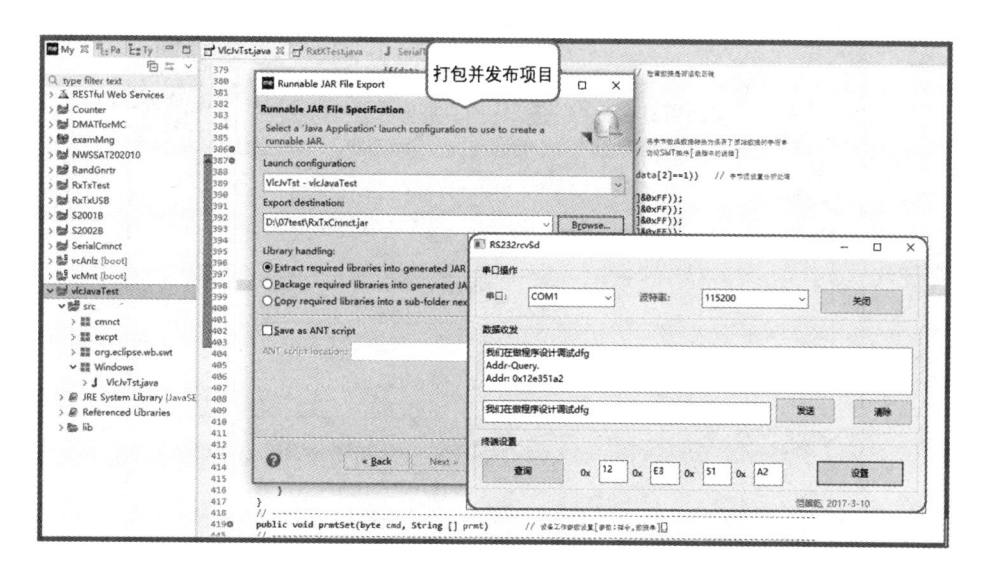

图 4-19

4.2.3 独立编程操作演练

在完成可视化串口通信设计项目后，分别完成如图 4-20、图 4-21 所示的作业和实训报告。要求将代码和运行结果截图，插入文档，并转换成 PDF 格式，在插入数字签名后，提交至云端教研室。

图 4-20

Java 语言及其应用实操

实训报告		
实训项目名称：可视化串口通信设计		
学院 专业 　　　　班级　　　　实验日期		

1 基本信息

项目组长		组长学号	
实训名称		指导教师	
同组人姓名		成绩	

一、实训目的
综合应用 Java 语言进行可视化 java-project 实际项目的设计和调试

二、实训要求
创建 window Builder 可视化窗口项目
完成常规数据收发和十六进制数据的收发
采用线程实时监听串口设备变化和数据到来并实现接收
相关异常处理

三、实训内容
设计 window Builder 可视化窗口，实现常规数据收发和十六进制数据的收发。

2 实执记录

图 4-21

"可视化串口通信设计"作业成绩表如图 4-22 所示。

可视化串口通信设计_班级成绩表												
编号	姓名	1[5]	2[4]	3[4]	4[4]	5[4]	6[4]	7.1[4]	7.2[4]	7.3[4]	8[4]	9[4]	排版[-2]	签名[-2]	内容[-2]	合计[41]
0101																
0102																
0103																
0104																
0105																
0106																
0107																
0108																

图 4-22

4.2.4 思考和演练

设计并实现如图 4-23 所示的"USB 通信"窗口。

> **提 示**
>
> 采用 usb4java 包，可以轻松实现该窗口。

第 4 章 项目综合演练

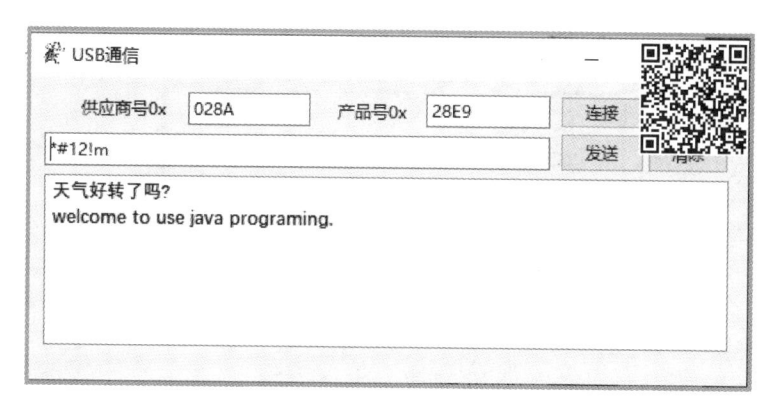

图 4-23

4.3 空气质量监测控制系统设计

空气质量监测控制系统可实时监测室内与室外的空气质量，包括颗粒物的浓度、甲醛、二氧化碳、有害气体、温度、湿度等，用于分析、对比、显示室内与室外空气质量的差异，并通过人工或自动的方式，控制空气净化器或新风换气系统。

4.3.1 知识汇总

- 项目类型：Web 项目。
- 数据库：SQL Server、Navicat。
- 项目架构：
  - 单体垂直架构：同域访问，后端实现业务，前端页面展示结果。
  - 调度支持：SSH（Spring，Struts，Hibernate）。
  - Servlet：异域访问。
- 通信模式：
  - 客户端/服务器（C/S），使用 UDP 协议。
  - 浏览器/服务器（B/S），使用 TCP 协议。

4.3.2 数据库安装

本项目使用关系型数据库 SQL Server 2008，结合数据库管理工具 Navicat 对数据库进行管理。下面详细介绍数据库的安装步骤。

Java 语言及其应用实操

步骤 1 ▶▶ 安装 .NET Framework 3.5，安装成功后的界面如图 4-24 所示。

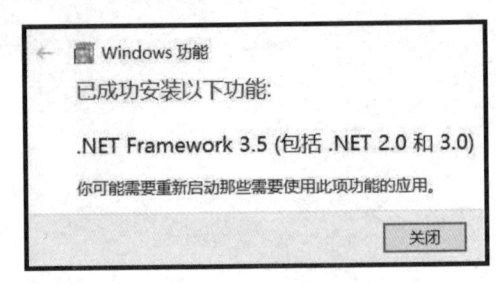

图 4-24

步骤 2 ▶▶ 安装 SQL Server，为服务账户设置账户名和密码，如图 4-25 所示。

图 4-25

步骤 3 ▶▶ 安装 Navicat 并连接数据库，如图 4-26 所示。

步骤 4 ▶▶ 服务运行管理：通过 services.msc 指令打开"服务"窗口，如图 4-27 所示，找到已经安装、运行的 SQL Server，可停止、暂停、重启服务。

第 4 章 项目综合演练

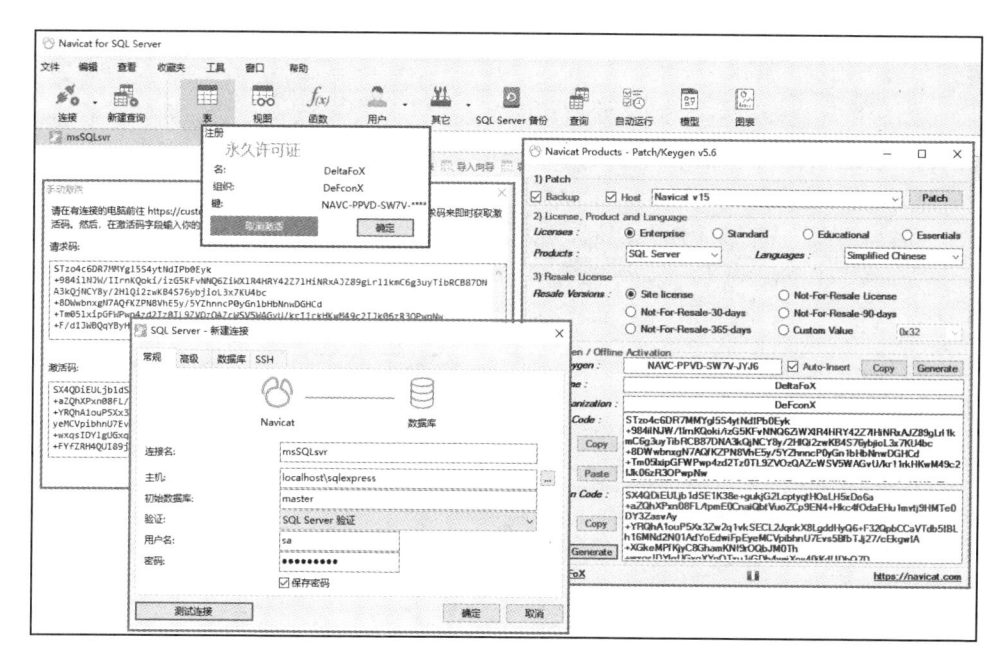

图 4-26

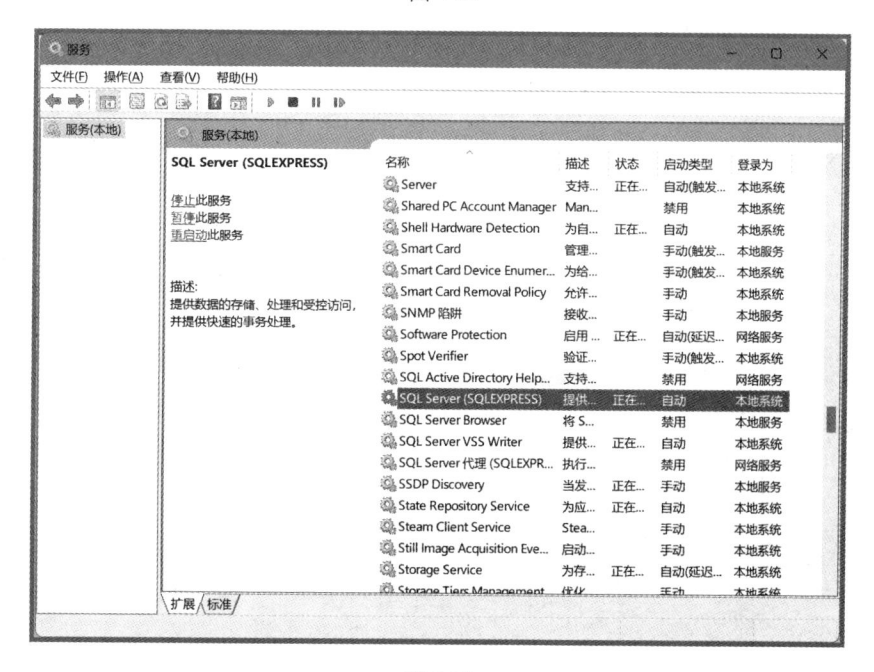

图 4-27

Java 语言及其应用实操

> **提示**
>
> 通常连接主机的服务名称为 SQLEXPRESS，如果该服务没有使用默认名称 SQLEXPRESS，则可通过如图 4-27 所示的"服务"窗口查询。

步骤 5 ▶ 在 MyEclipse 环境下开发时，如果无法通过 1433 端口连接数据库，则可在 SQL Server 的配置管理器中，根据如图 4-28 所示中的步骤，设置 TCP 端口为 1433，即可通过 1433 端口连接数据库。

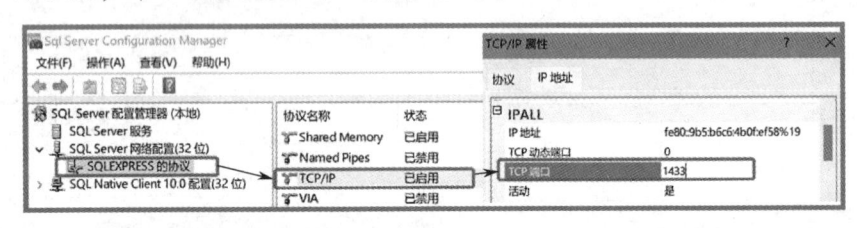

图 4-28

4.3.3 场景模拟互动教学

空气质量监测控制系统分为室内空气质量监测控制系统和室外空气质量监测控制系统。室内空气质量监测控制系统的核心页面如图 4-29 所示。

图 4-29

第 4 章 项目综合演练

室外空气质量监测控制系统的核心页面如图 4-30 所示。

图 4-30

1. 项目设计方案

本项目采用增强单体垂直网络软件系统架构和 SSH 架构，通信模式采用客户端/服务器模式和浏览器/服务器模式。空气质量监测控制系统的设计方案如图 4-31 所示。

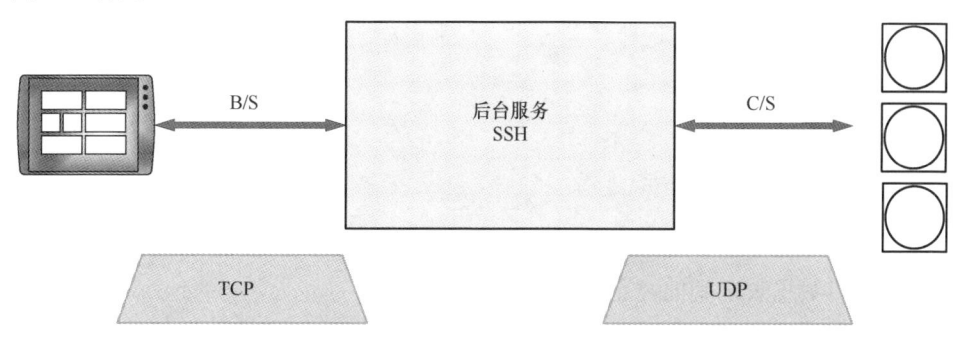

图 4-31

前端页面展示了如下内容。

- 数据：用户信息、设备信息、设备维护信息、测量记录信息、操作控制信息。
- 监测：管理员采集、监测数据。
- 控制：空气净化等级。
- 可视化显示：实时显示室内、室外的空气指数。
- 浏览分析：可生成列表-曲线图，根据空气指数对设备进行控制与维护。

后端使用了如下应用服务和数据库。

- 应用服务：实现业务逻辑、采集数据、管理数据库。
- 数据库：存储数据。

2. 通信协议

本项目主要采用的通信协议如下。

（1）采集报告协议

命令：*Dat,uuid.PM2.5.PM10.CO2.HUM.TEM.TVOC\r\n。

回答：*Dat,uuid,0(1)\r\n。

在回答中，0 表示成功，1 表示失败。

（2）执行状态查询协议

命令：*Qux,uuid\r\n。

回答：*Qux,uuid\r\n。

在回答中，若 x=1，则为低档运行；若 x=2，则为中档运行；若 x=3，则为高档运行；若 x=4，则停止运行；若 x=5，则为自动运行。

（3）执行控制协议

命令：*Ctx,uuid\r\n。

回答：*Ctx,uuid,0(1)\r\n。

3. 数据表

本项目数据表之间的关系如图 4-32 所示。

- 主表：用户信息表、设备信息表、测量记录表。
- 辅表：设备维护表、操作控制表。
- 表与表之间的关系：一对多关系。

第4章 项目综合演练

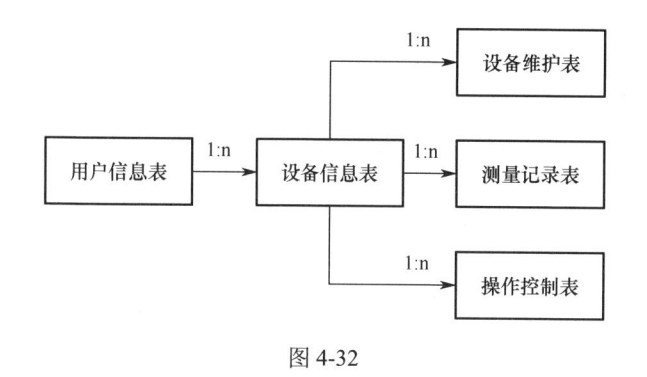

图4-32

数据表中的字段如表4-1所示。

表4-1 数据表中的字段

数 据 表	主 要 字 段
用户信息表	用户名称、密码、联系电话、通信地址、加入时间、设备数量、备注
设备信息表	编号、名称、当前测量记录号、加入时间、IP地址、类型、位置、控制状态、备注
测量记录表	记录时间、PM2.5、甲醛、二氧化碳、温度、湿度、备注
设备维护表	记录时间、记录人、事故原因、解决方案、备注
操作控制表	记录时间、操作内容、备注

4．软件系统架构

步骤 1 创建网络软件系统架构。本项目使用增强单体垂直网络软件系统架构,详见附录A。使用该架构可快速构建如图4-33所示的网络软件系统架构。本项目构建架构时,需对表现层、领域模型层、服务层等进行设置。

> **注意**
> 使用该架构时首先要进行基础配置,详见附录A。

步骤 2 创建业务行为逻辑规划表,如表4-2所示。

步骤 3 生成网络软件系统框架。完成相关配置后,单击产生框架代码按钮,可快速创建软件系统框架代码,即软件架构包。后端服务的类文件存放在dmMdShowCtrl文件夹中,前端页面文件存放在prsttJSP文件夹中,如图4-34所示。

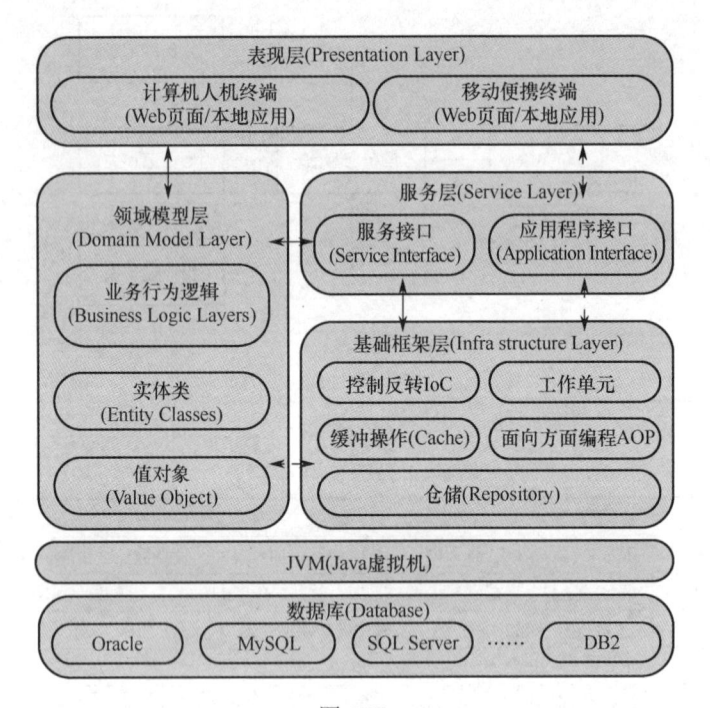

```
表现层(Presentation Layer)
  计算机人机终端              移动便携终端
  (Web页面/本地应用)          (Web页面/本地应用)

领域模型层              服务层(Service Layer)
(Domain Model Layer)   服务接口           应用程序接口
                      (Service Interface) (Application Interface)

业务行为逻辑
(Business Logic Layers)  基础框架层(Infra structure Layer)
                         控制反转IoC        工作单元
实体类
(Entity Classes)         缓冲操作(Cache)    面向方面编程AOP

值对象
(Value Object)           仓储(Repository)

JVM(Java虚拟机)

数据库(Database)
Oracle   MySQL   SQL Server   ……   DB2
```

图 4-33

表 4-2 业务行为逻辑规划表

序号	实体表	操控列	行为标识	名称集	跳转页面
1	用户信息表 Roser	用户名 RsNm	EdtRsr.action	RsNms	EdtRsr.jsp
2	操作控制表 Oprt	操控编号 OpSn	XplMtn.action	MtSns	XplMtn.jsp
3	操作控制表 Oprt	操控编号 OpSn	EdtOpt.action	OpSns	EdtOpt.jsp
4	设备信息表 Space	设备编号 SpcSn	XplOpt.action	OpSns	XplOpt.jsp
5	设备信息表 Space	设备编号 SpcSn	EdtSpc.action	SpcSns	EdtSpc.jsp
6	设备信息表 Space	设备编号 SpcSn	XplDt.action	SpcSns	XplDt.jsp
7	设备信息表 Space	设备编号 SpcSn	XplRdc.action	SpcSns	XplRdc.jsp
8	设备维护表 Mntc	运维编号 MtSn	EdtMtn.action	MtSns	EdtMtn.jsp

5．导入 MyEclipse

将软件架构包导入 MyEclipse 开发环境中，如图 4-35 所示。

第 4 章 项目综合演练

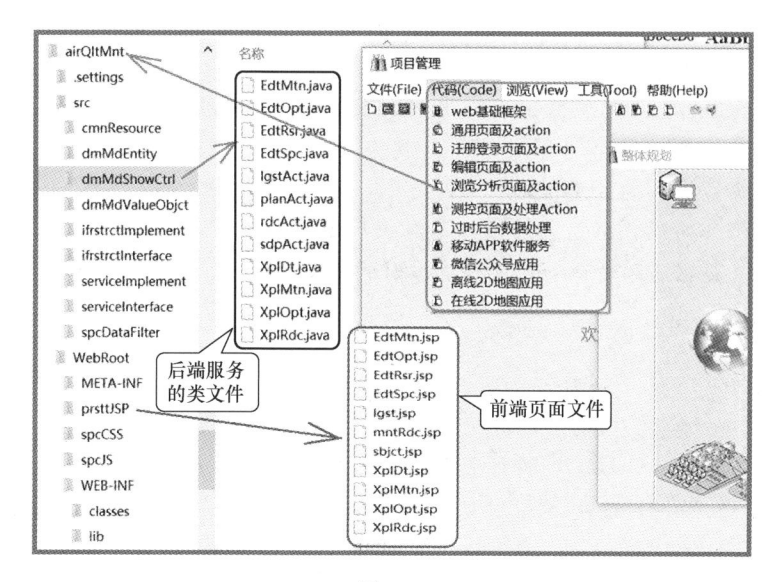

图 4-34

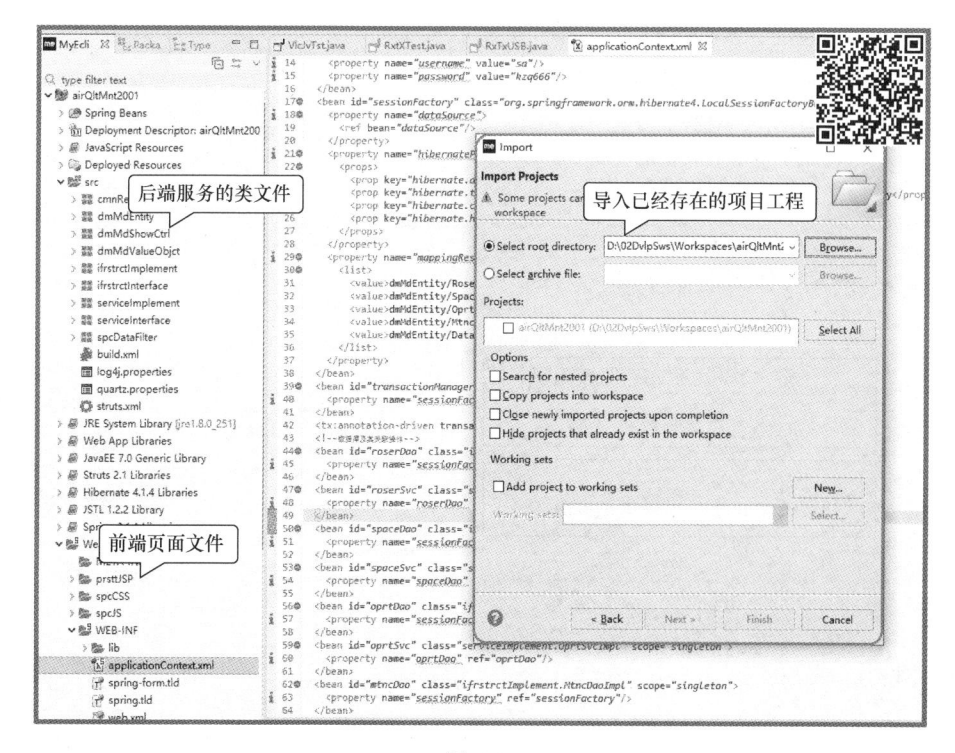

图 4-35

Java 语言及其应用实操

打开项目后需要注意如下内容。

➤ dataSource 为调度控制文件 applicationContext.xml 中的 bean 标签,用于管理数据库。
➤ 数据库实例为 airQltDb。
➤ 数据库的用户名无须修改,是统一规定的。
➤ 如果数据库的密码和安装数据库时的密码不一样,则需将密码修改一致。

6. 自动创建数据表

步骤 1 ▶ 打开已安装的 Navicat,在数据库中创建数据库实例 airQltDb。

步骤 2 ▶ 打开由软件系统架构自动创建的 build.xml 文件,自动产生数据表映射文件,并在 airQltDb 中创建数据表。

步骤 3 ▶ 打开 MyEclipse 的数据库窗口,创建数据库并连接 msSQLserver,将 URL 指向 airQltMntDb,选用数据库驱动 sqljdbc4.jar,直至数据库连接成功,如图 4-36 所示。

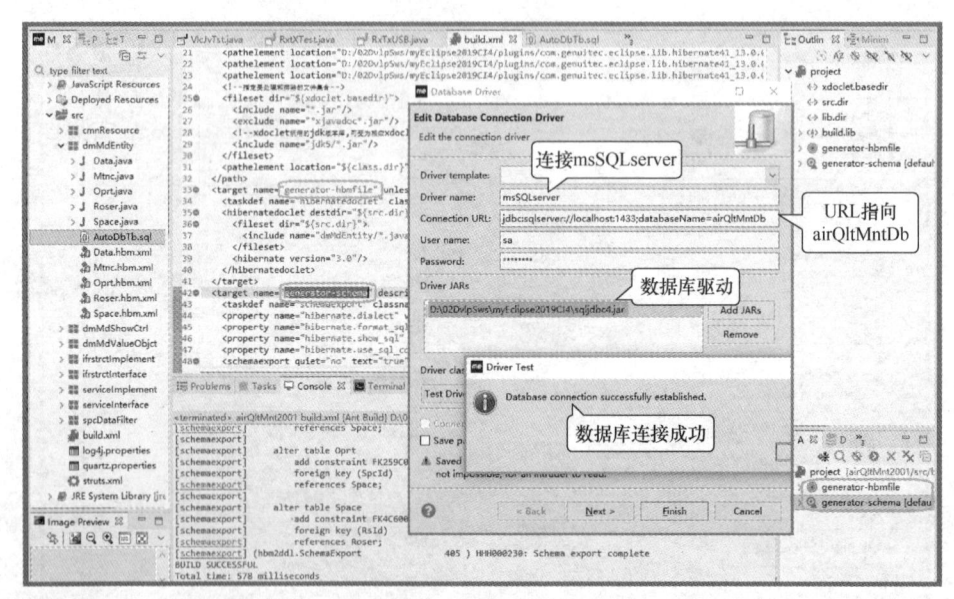

图 4-36

提 示

扫描右侧的二维码,即可下载 sqljdbc4.jar 文件。

第 4 章　项目综合演练

步骤 4　打开 MyEclipse 的 Ant 窗口，添加指向 build.xml 文件的构造文件，包括 generator-hbmfile 和 generator-schema。

步骤 5　单击 generator-hbmfile，即可创建数据表对应的映射文件。

步骤 6　单击 generator-schema，即可创建数据表构造文件 AutoDbTb.sql。

> **注意**
>
> 步骤 5 和步骤 6 创建的文件可在 src 文件夹的实体类子目录 dmMdEntity 中找到。

步骤 7　打开 AutoDbTb.sql 文件，将 Connetion 连接指向已经建立的 MySQL Server，单击窗口上方的三角按钮，当按钮由灰变绿后，数据库就创建完成了。在 Navicat 中可查看已创建的 5 个数据表，也可在 MyEclipse 的数据库窗口查看已创建的 5 个数据表，如图 4-37 所示。

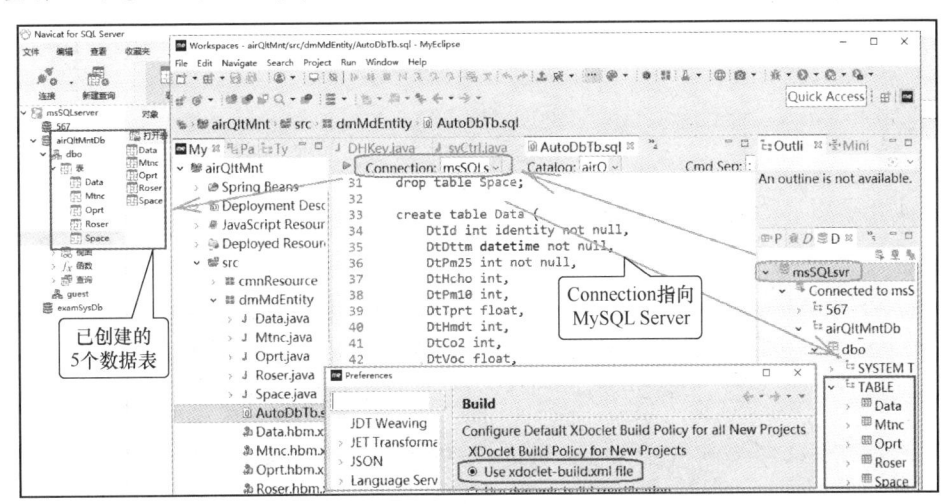

图 4-37

> **经验**
>
> 使用 Ant-xDoclet 可自动构造数据表，软件系统架构工具在各个实体类文件中嵌入了相应的脚本代码。若上述过程不能顺利进行，则可打开 MyEclipse 的 "Preferences" 窗口，在菜单栏中执行 "Tools" → "XDoclet" → "Build" 命令，单击 "Use xdoclet-build.xml file" 单选按钮后，单击 "apply" 按钮，即可创建 xml 文件，如图 4-38 所示。

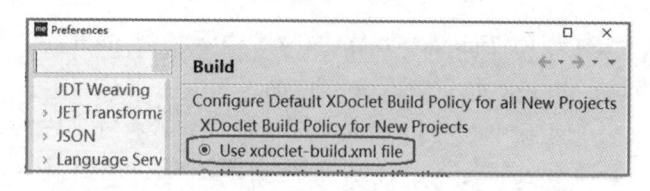

图 4-38

步骤 8 在 Navicat 中，打开 airQltMntDb 数据库中的 Roser 数据表，添加 RsNm（用户名）和 RsPw（密码）等数据，如图 4-39 所示。

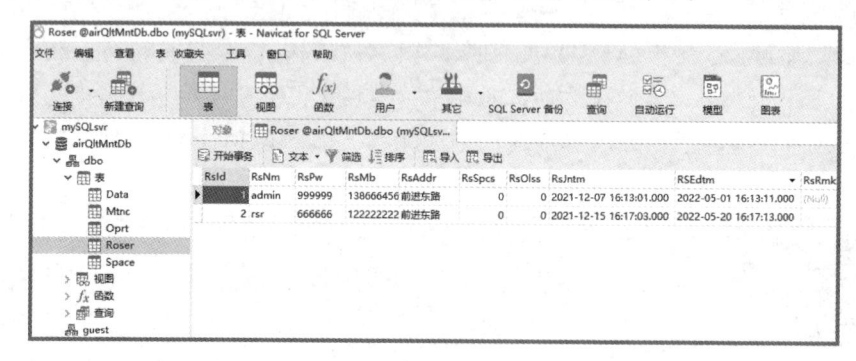

图 4-39

7. 效果展示

本项目使用 Tomcat 应用服务器，以 Java Server 的形式在 MyEclipse 中运行。在浏览器的搜索框中输入"localhost:7777/airQltMnt"后，按 Enter 键，即可进入用户登录页面，如图 4-40 所示。在输入用户名和密码后，单击"登录"按钮，即可成功登录。用户在登录后可访问主页面、远程采控监视页面、用户信息编辑页面、现场采样数据浏览分析页面等页面。

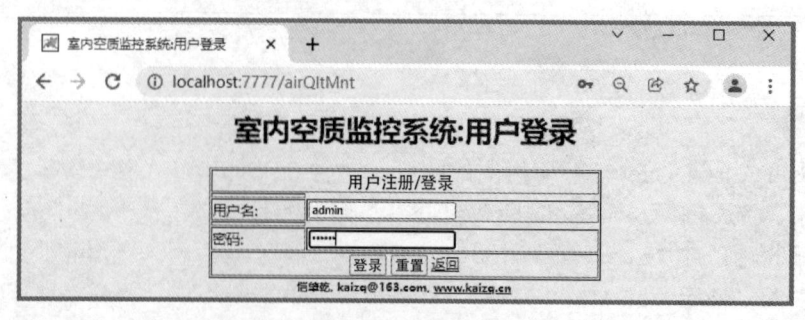

图 4-40

主页面如图 4-41 所示。

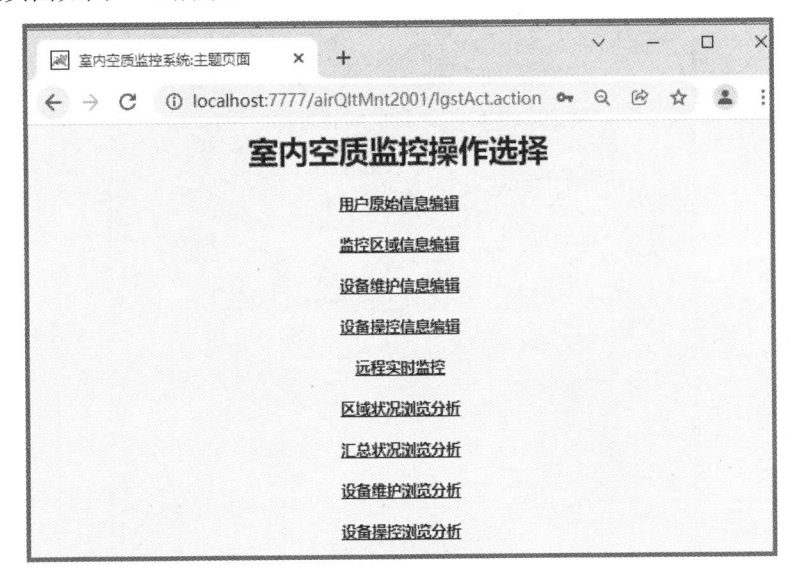

图 4-41

远程采控监视页面如图 4-42 所示。

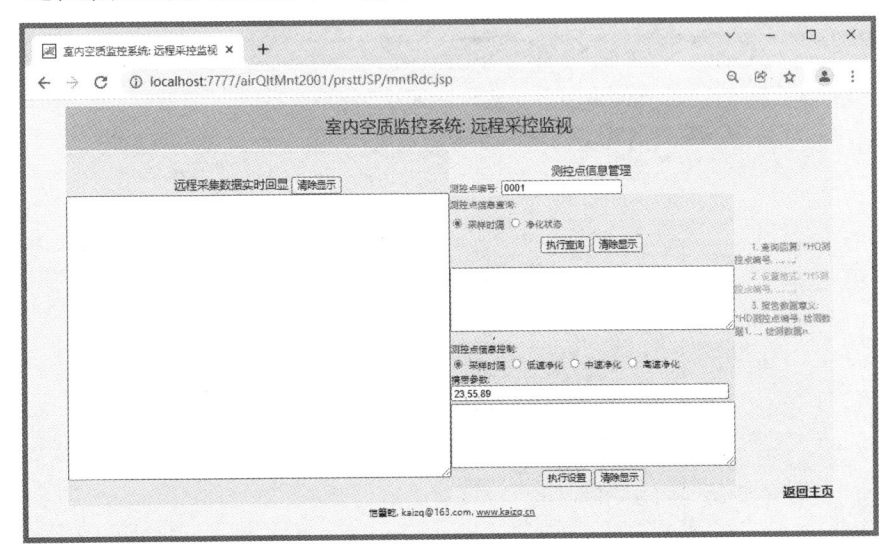

图 4-42

用户信息编辑页面如图 4-43 所示。

图 4-43

现场采样数据浏览分析页面如图 4-44 所示。

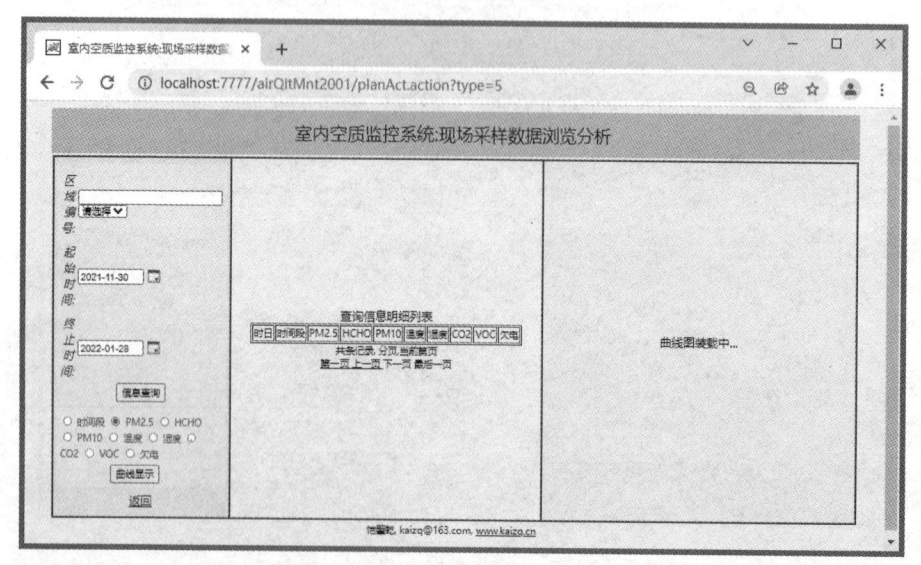

图 4-44

8. 增强单体垂直网络软件系统架构

通过本项目，可了解并掌握增强单体垂直网络软件系统架构，下面结合项目介绍该架构。

步骤 1 创建项目架构。本项目的整体架构为典型的四层架构：表现层、服务层、基础框架层、领域模型层，如图4-45所示。除此之外，图中标注出了项目架构中包含的重要配置文件。

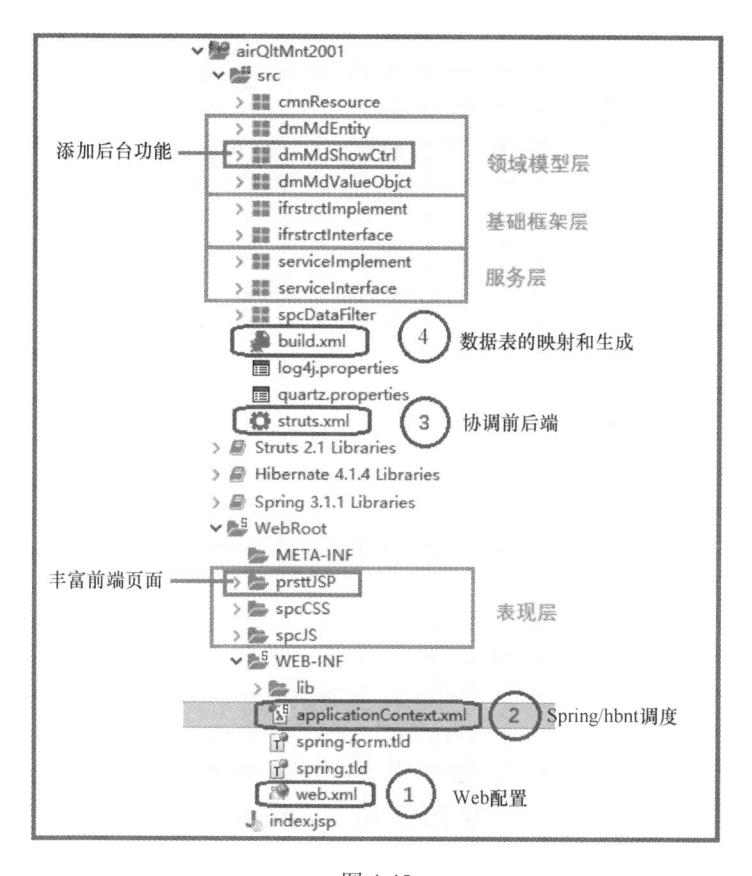

图 4-45

步骤 2 创建前端页面架构。前端页面架构包括引导页面、主题页面、注册/登录页面、编辑页面、实时监护页面、浏览分析页面等，如图4-46所示。

步骤 3 创建后端服务架构。后端服务架构包括编辑支撑服务、入口准

Java 语言及其应用实操

备服务、实时监护支撑服务、浏览分析支撑服务、注册/登录服务等，如图 4-47 所示。

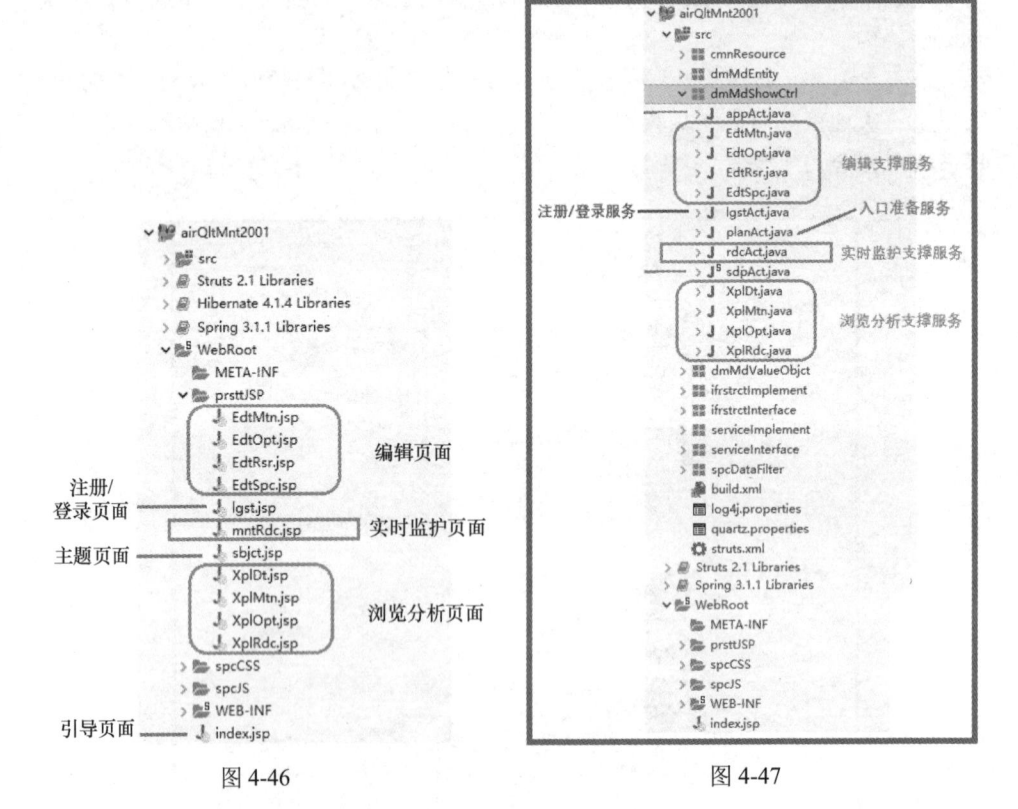

图 4-46

图 4-47

4.3.4 独立编程操作演练

1. 安装关系型数据库

在成功安装关系型数据库后，完成如图 4-48 所示的作业。要求将安装过程或结果截图，插入文档，并转换成 PDF 格式，在插入数字签名后，提交至云端教研室。

> **提示**
> 本项目仅完成 SQL Server 与 Navicat 的安装即可，鼓励完成 MySQL 的安装。MySQL 也是开源的、应用广泛的关系型数据库，相关资源可从 MySQL 的官方网站下载。

第 4 章 项目综合演练

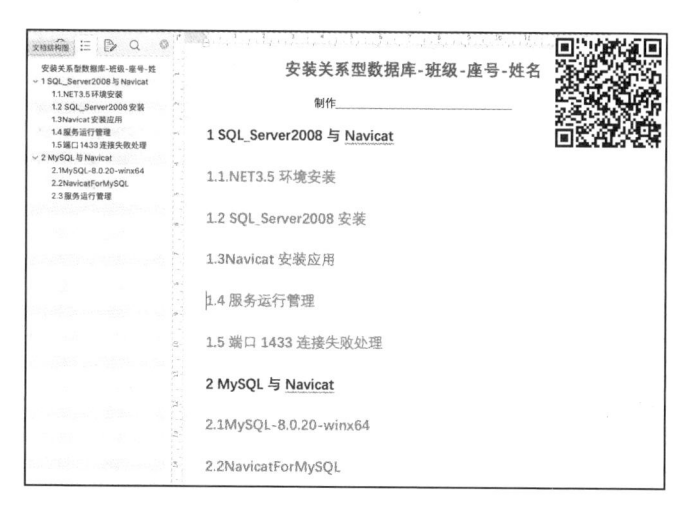

图 4-48

2. 空气质量监测控制系统设计

在完成空气质量监测控制系统设计项目后，分别完成如图 4-49、图 4-50 所示的作业和实训报告。要求将代码和运行结果截图，插入文档，并转换成 PDF 格式，在插入数字签名后，提交至云端教研室。

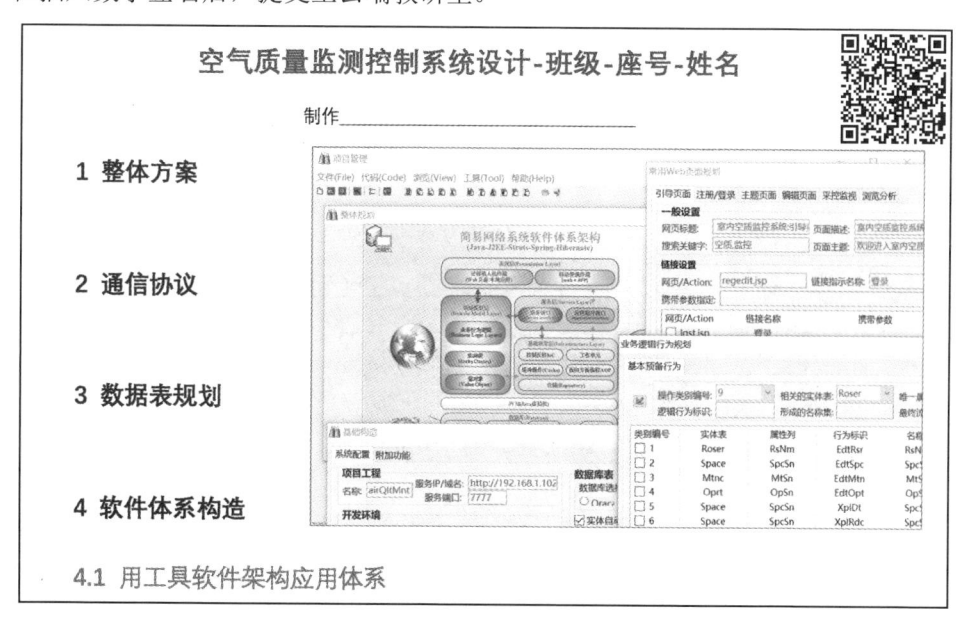

图 4-49

______________实训报告

实训项目名称： <u>空气质量监测控制系统设计</u>

________学院 专业________ 班级________ 实验日期________

1 基本信息

项目组长		组长学号	
实训名称		指导教师	
同组人姓名		成绩	

一、实训目的

以 Java 语言应用为主，进行系统化 web-project 实际项目的设计和调试

二、实训要求

用相关软件架构工具快速创建 web-project 项目

完成空质监护系统相关的编辑、浏览、监护等后台 Java 服务支撑

相关异常处理

三、实训内容

室内空气质量监护：实时监测特定室内空气质量，包括颗粒物浓度[PM2.5、PM10、PM1.0]、甲醛 HCHO、二氧化碳 CO_2、挥发性有害物 VOC、温度、湿度等，分析对比显示室内外空气质量的差异，通过人工或自动控制相应的空气净化器或新风换气系统运行。

2 实执记录

图 4-50

“空气质量监测控制系统设计”作业成绩表如图 4-51 所示。

空气质量监测控制系统设计_班级_成绩表

编号	姓名	1[5]	2[3]	3[3]	4.1[1]	4.2[8]	4.3[2]	5[2]	6[5]	7[5]	8.1[3]	8.2[2]	8.3[4]	排版[2]	签名[2]	内容[2]	合计[42]
0101																	
0102																	
0103																	
0104																	
0105																	
0106																	
0107																	
0108																	
0109																	
0110																	

图 4-51

4.4 Web/App 后端服务

上节介绍了在 MyEclipse 开发环境下，创建空气质量监测控制系统。在此基础上，本节将完成该系统的 Web 页面和 App 移动程序。

4.4.1 知识汇总

- 项目类型：Web 项目。
- 数据库：SQL Server、Navicat。
- 项目架构：
  - 单体垂直架构：同域访问，后端实现业务，前端页面展示结果。
  - 调度支撑：SSH（Spring，Struts，Hibernate）。
  - Servlet：异域访问。
- 通信模式：
  - 客户端/服务器（C/S），使用 UDP 协议。
  - 浏览器/服务器（B/S），使用 TCP 协议。

4.4.2 场景模拟互动教学

1. 采集与存储数据

远程采集数据是通过 Apache MINA 实现的。Apache MINA 用于完成客户端/服务器通信模式中服务器的任务。在使用 Apache MINA 前，需在 applicationContext.xml 文件中选用 NioSocketAcceptor，同时使用 8321 端口，并指定后端服务 tcpRdcSvcImpl 和 tcpCodecFlt 对数据进行过滤，如图 4-52 所示。所有配置过程由软件系统架构工具自动完成。

图 4-52

Java 语言及其应用实操

后端服务 tcpRdcSvcImpl 主要用于接收客户端传来的数据，通过传感器对数据进行解析，并将结果存入数据表。除此之外，tcpRdcSvcImpl 还会存储客户端对服务器的响应，以及客户端的 IP、端口号和接收时间。tcpRdcSvcImpl 的部分代码如图 4-53 所示。

图 4-53

2. Web 页面的监测控制服务

配置文件 web.xml 用于指定后端服务 rdcAct，指定过程由软件系统架构工具自动完成，如图 4-54 所示，展示了 web.xml 的代码。

后端服务 rdcAct 是 Servlet 类型的服务，实现 rdcAct 功能的代码如图 4-55 所示。rdcAct 主要实现以下功能。

> ➢ 处理前端数据请求：rdcAct 会将收到的数据及时传输至前端页面进行展示。
> ➢ 接收前端页面指令：完成对指定客户端的设置、查询工作。rdcAct 实时关联 tcpRdcSvcImpl 服务。

第4章 项目综合演练

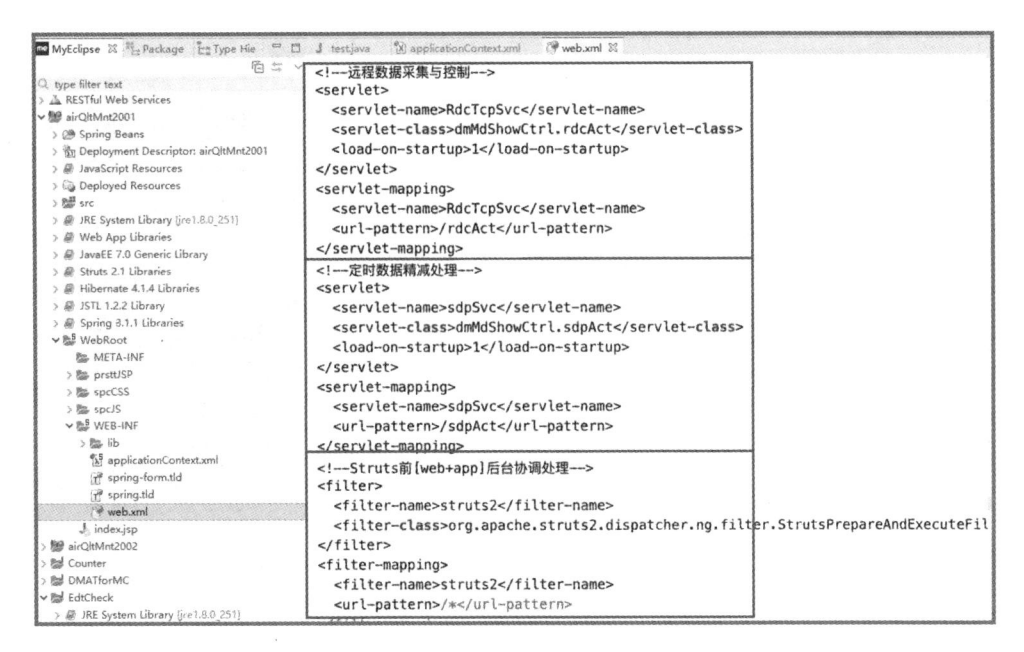

图 4-54

图 4-55

3. Web 页面的模拟调试

通过使用网络调试助手可实现模拟调试的功能，如图 4-56 所示。在"网络调试助手"窗口中，设置协议类型为 TCP 客户端。在连接 TCP 服务器后，网络调试助手会发送模拟传感器数据，tcpRdcSvcImpl 在接收数据后，通过后端服务 rdcAct 传输数据至 Web 页面并显示数据。

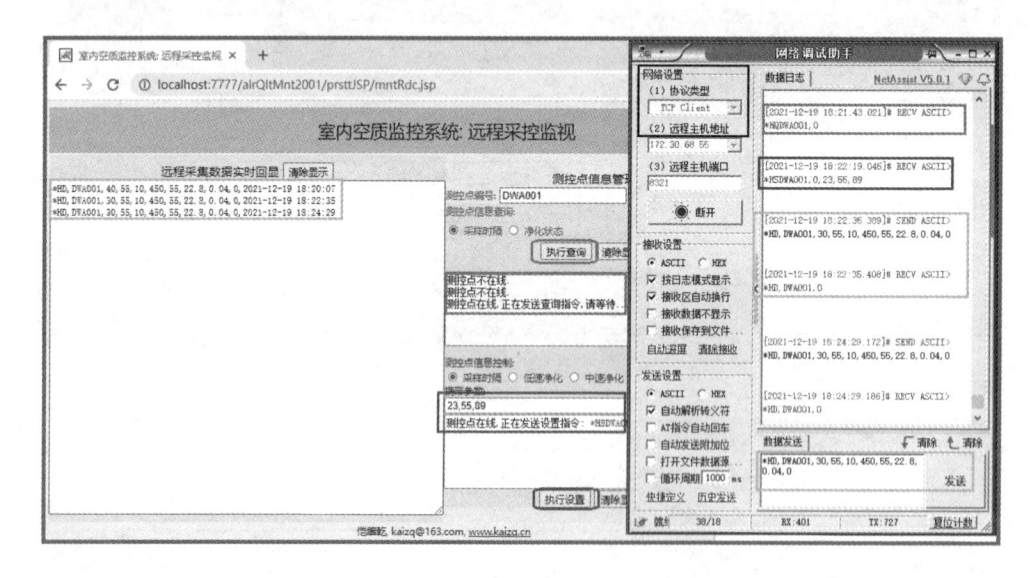

图 4-56

4. App 移动程序的监测控制服务

App 移动程序的监测控制服务由 appAct 实现，struts.xml 文件负责 Web 页面和 App 移动程序的服务调用。在 appAct 服务中，需要添加的功能有数据库管理、用户登录、监测控制区域的选择、监测控制状态设置、净化器或新风换气系统的查询与设置等。appAct 服务的核心代码如图 4-57 所示。

> **注意**
> 使用 App 移动程序时，需要设置"允许跨域访问"。

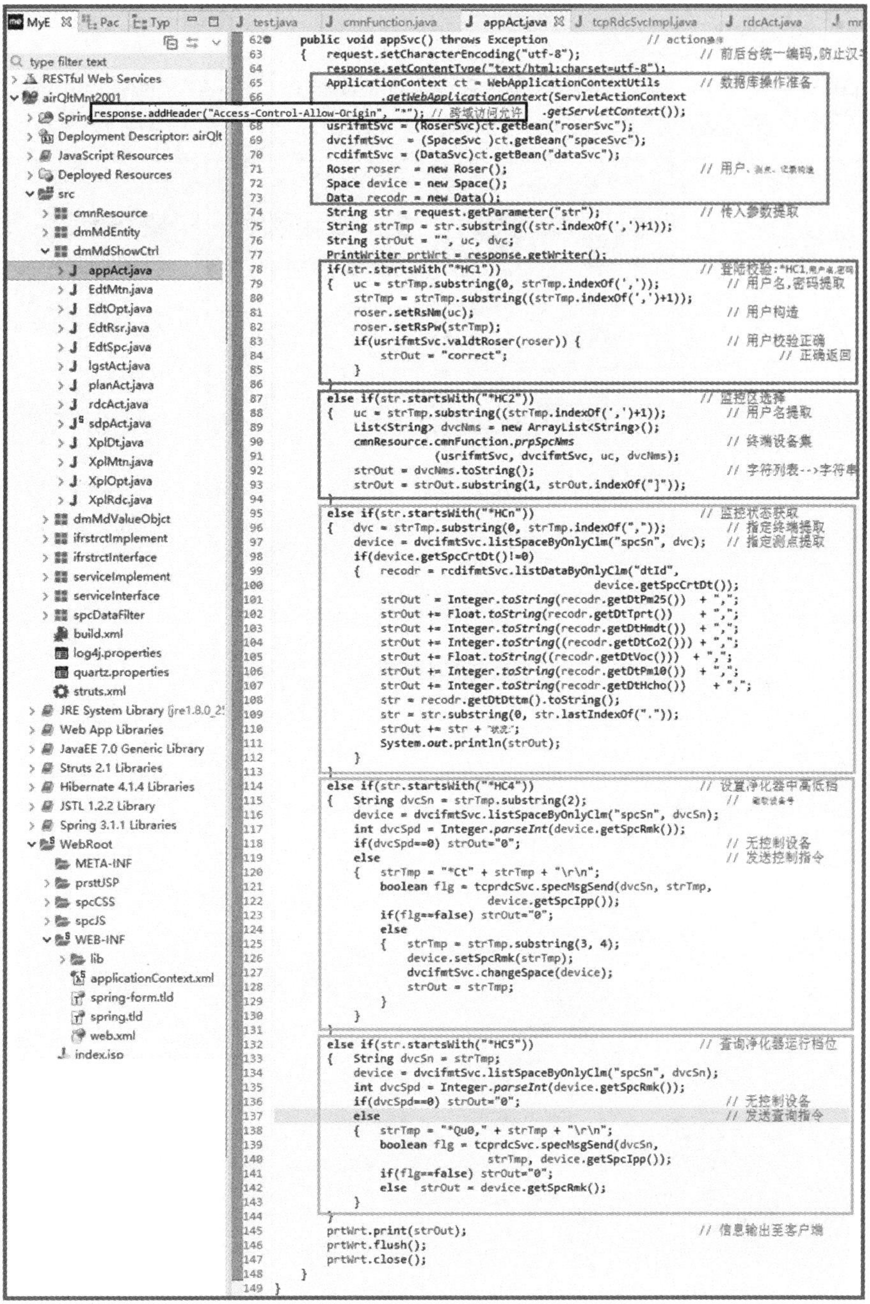
MyE
Pac
Typ
test.java
cmnFunction.java
appAct.java
tcpRdcSvcImpl.java
rdcAct.java
type filter text
RESTful Web Services
airQltMnt2001
Spring
Deployment Descriptor: airQlt
JavaScript Resources
Deployed Resources
src
cmnResource
dmMdEntity
dmMdShowCtrl
appAct.java
EdtMtn.java
EdtOpt.java
EdtRsr.java
EdtSpc.java
lgstAct.java
planAct.java
rdcAct.java
sdpAct.java
XplDt.java
XplMtn.java
XplOpt.java
XplRdc.java
dmMdValueObjct
ifrstrctImplement
ifrstrctInterface
serviceImplement
serviceInterface
spcDataFilter
build.xml
log4j.properties
quartz.properties
struts.xml
JRE System Library [jre1.8.0_2
Web App Libraries
JavaEE 7.0 Generic Library
Struts 2.1 Libraries
Hibernate 4.1.4 Libraries
JSTL 1.2.2 Library
Spring 3.1.1 Libraries
WebRoot
META-INF
prstJSP
spcCSS
spcJS
WEB-INF
lib
applicationContext.xml
spring-form.tld
spring.tld
web.xml
index.jsp
public void appSvc() throws Exception // action
{ request.setCharacterEncoding("utf-8"); // 前后台统一编码,防止汉
response.setContentType("text/html;charset=utf-8");
response.addHeader("Access-Control-Allow-Origin", "*"); // 跨域访问允许
ApplicationContext ct = WebApplicationContextUtils // 数据库操作准备
.getWebApplicationContext(ServletActionContext
.getServletContext());
usrifmtSvc = (RoserSvc)ct.getBean("roserSvc");
dvcifmtSvc = (SpaceSvc)ct.getBean("spaceSvc");
rcdifmtSvc = (DataSvc)ct.getBean("dataSvc");
Roser roser = new Roser(); // 用户、测点、记录构造
Space device = new Space();
Data recodr = new Data();
String str = request.getParameter("str"); // 传入参数提取
String strTmp = str.substring((str.indexOf(',')+1));
String strOut = "", uc, dvc;
PrintWriter prtWrt = response.getWriter();
if(str.startsWith("*HC1")) // 登陆校验:*HC1,用户名,密码
{ uc = strTmp.substring(0, strTmp.indexOf(',')); // 用户名,密码提取
strTmp = strTmp.substring((strTmp.indexOf(',')+1));
roser.setRsNm(uc); // 用户构造
roser.setRsPw(strTmp);
if(usrifmtSvc.valdtRoser(roser)) { // 用户校验正确
strOut = "correct"; // 正确返回
}
}
else if(str.startsWith("*HC2")) // 监控区选择
{ uc = strTmp.substring((strTmp.indexOf(',')+1)); // 用户名提取
List<String> dvcNms = new ArrayList<String>();
cmnResource.cmnFunction.prpSpcNms // 终端设备集
(usrifmtSvc, dvcifmtSvc, uc, dvcNms);
strOut = dvcNms.toString(); // 字符列表-->字符串
strOut = strOut.substring(1, strOut.indexOf("]"));
}
else if(str.startsWith("*HCn")) // 监控状态获取
{ dvc = strTmp.substring(0, strTmp.indexOf(",")); // 指定终端提取
device = dvcifmtSvc.listSpaceByOnlyClm("spcSn", dvc); // 指定测点提取
if(device.getSpcCrtDt()!=0)
{ recodr = rcdifmtSvc.listDataByOnlyClm("dtId",
device.getSpcCrtDt());
strOut = Integer.toString(recodr.getDtPm25()) + ",";
strOut += Float.toString(recodr.getDtTprt()) + ",";
strOut += Integer.toString(recodr.getDtHmdt()) + ",";
strOut += Integer.toString((recodr.getDtCo2())) + ",";
strOut += Float.toString((recodr.getDtVoc())) + ",";
strOut += Integer.toString(recodr.getDtPm10()) + ",";
strOut += Integer.toString(recodr.getDtHcho()) + ",";
str = recodr.getDtDttm().toString();
str = str.substring(0, str.lastIndexOf("."));
strOut += str + "状态";
System.out.println(strOut);
}
}
else if(str.startsWith("*HC4")) // 设置净化器中高低档
{ String dvcSn = strTmp.substring(2); // 终端设备号
device = dvcifmtSvc.listSpaceByOnlyClm("spcSn", dvcSn);
int dvcSpd = Integer.parseInt(device.getSpcRmk());
if(dvcSpd==0) strOut="0"; // 无控制设备
else // 发送控制指令
{ strTmp = "*Ct" + strTmp + "\r\n";
boolean flg = tcprdcSvc.specMsgSend(dvcSn, strTmp,
device.getSpcIpp());
if(flg==false) strOut="0";
else
{ strTmp = strTmp.substring(3, 4);
device.setSpcRmk(strTmp);
dvcifmtSvc.changeSpace(device);
strOut = strTmp;
}
}
}
else if(str.startsWith("*HC5")) // 查询净化器运行档位
{ String dvcSn = strTmp;
device = dvcifmtSvc.listSpaceByOnlyClm("spcSn", dvcSn);
int dvcSpd = Integer.parseInt(device.getSpcRmk());
if(dvcSpd==0) strOut="0"; // 无控制设备
else // 发送查询指令
{ strTmp = "*Qu0," + strTmp + "\r\n";
boolean flg = tcprdcSvc.specMsgSend(dvcSn,
strTmp, device.getSpcIpp());
if(flg==false) strOut="0";
else strOut = device.getSpcRmk();
}
}
prtWrt.print(strOut); // 信息输出至客户端
prtWrt.flush();
prtWrt.close();
}
}

图 4-57

5. 调试 App 移动程序

App 移动程序的主要界面如图 4-58 所示。在浏览器中运行 index.html 文件，并开启开发者模式，对 App 服务进行调试。调试的核心代码如图 4-59 所示。

图 4-58

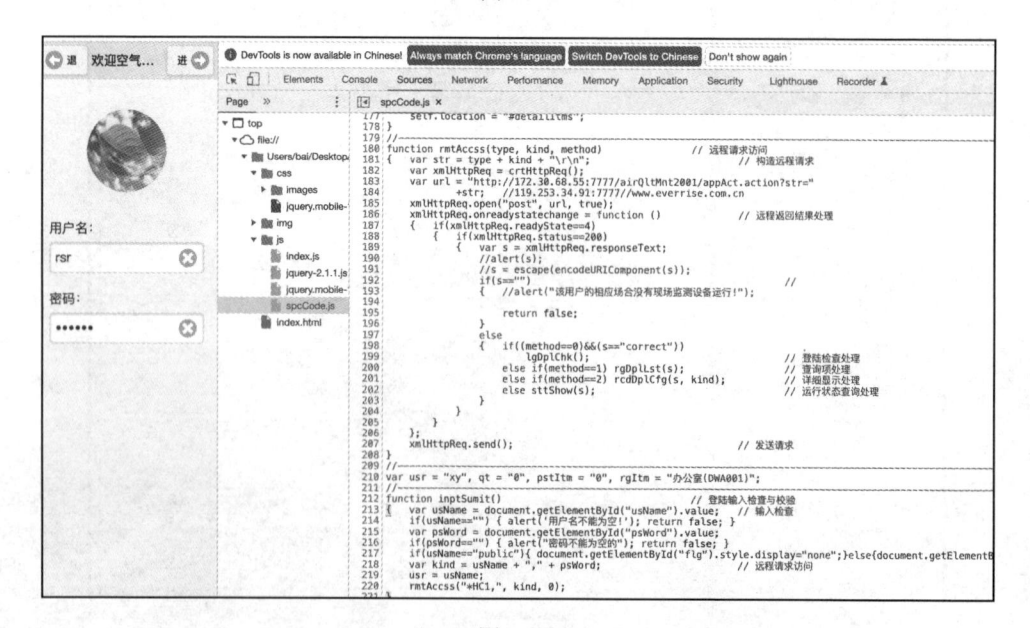

图 4-59

4.4.3　独立编程操作演练

在完成 Web/App 后端服务项目后，完成如图 4-60 所示的作业。要求将代码和运行结果截图，插入文档，并转换成 PDF 格式，在插入数字签名后，提交至云端教研室。图 4-61 为“Web/App 后端服务”作业的成绩表。

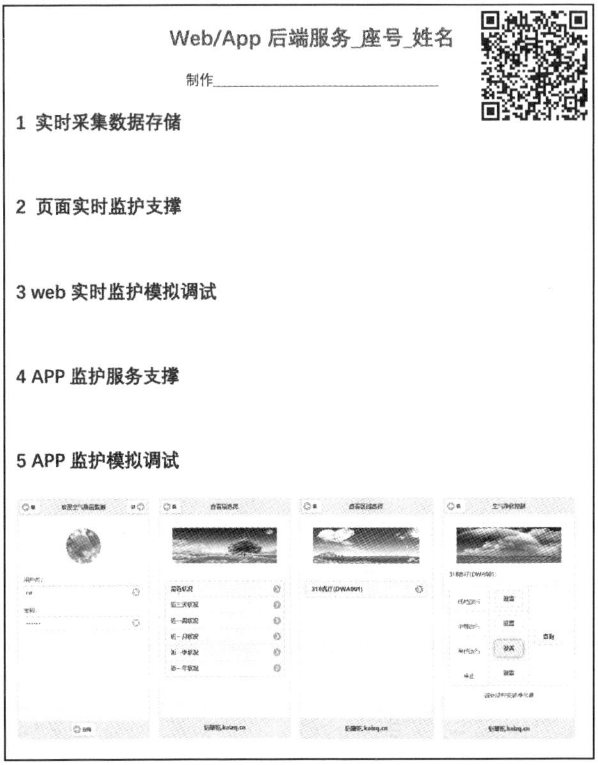

图 4-60

Web/App 后端服务_班级_成绩表

编号	姓名	1[5]	2[3]	3[3]	4.1[1]	4.2[8]	4.3[2]	5[2]	6[5]	7[5]	8.1[3]	8.2[2]	8.3[4]	排版[2]	签名[2]	内容[2]	合计[42]
0101																	
0102																	
0103																	
0104																	
0105																	
0106																	
0107																	
0108																	

图 4-61

4.5 大数据分析与提取

除了报表统计、可视化展示,在实现大数据分析、预警控制等功能时,Java 语言也可以"大显身手"。本项目在空气质量监测控制系统的基础上拓展功能,添加分析、提取大数据功能。

采集设备每隔两分钟就会向服务器提交一次数据,设备越多,时间越长,数据越多,庞大的数据量让服务器"不堪重负"。服务器为了减轻负担,每 4 小时分析、处理一次采集的数据,并将 4 小时的数据提取为一条数据。

4.5.1 知识汇总

- 项目类型:Web 项目。
- 数据库:SQL Server、Navicat。
- 项目架构:
  - 单体垂直架构:同域访问,后端实现业务,前端页面展示结果。
  - 调度支撑:SSH(Spring, Struts, Hibernate)。
  - Servlet:异域访问。
- 通信模式:
  - 客户端/服务器(C/S),使用 UDP 协议。
  - 浏览器/服务器(B/S),使用 TCP 协议。

4.5.2 场景模拟互动教学

1. 系统配置

步骤 1 在 applicationContext.xml 文件中完成系统配置,并指定后端服务 autoSmplPrcs,配置过程由软件系统架构工具自动完成,如图 4-62 所示。

步骤 2 使用 Quartz 调度器可实现定时处理数据的功能,如图 4-63 所示,在 quartz.properties 文件中可设置 Quartz 调度器的参数。

2. 后端服务

后端服务的主要方法为 autoSmplPrcs,是 Servlet 程序 sdpAct 中的一个方法。autoSmplPrcs 调用如下方法对数据进行分析和提取。

第 4 章　项目综合演练

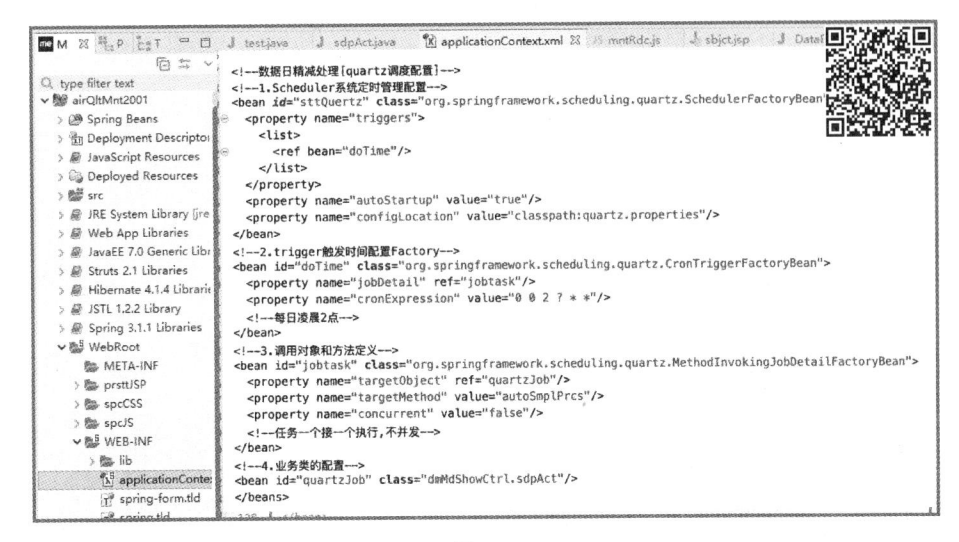

图 4-62

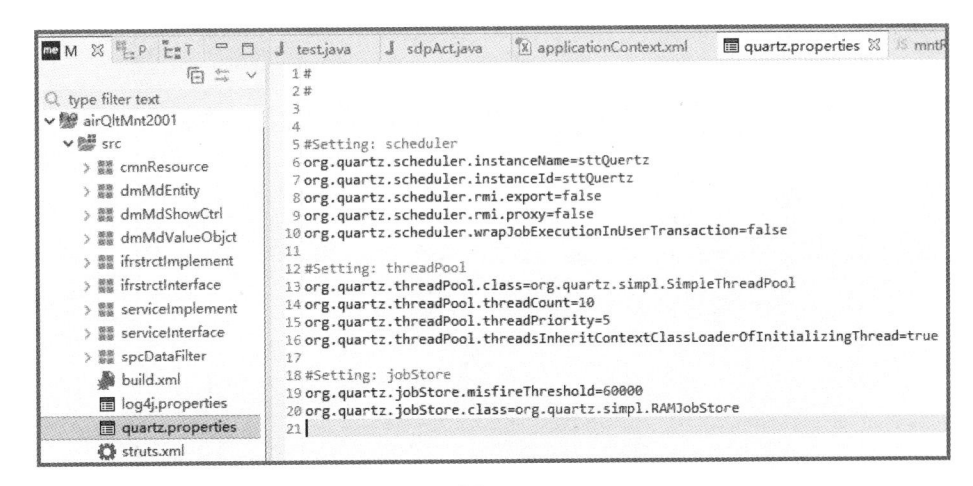

图 4-63

> 时间片前导方法 dttmDrvt。
> 参数平均运算方法 avgRcd：程序一边计算，一边删除原始数据。当计算完成后，插入计算结果。

后端服务的核心代码如图 4-64 所示。

Java 语言及其应用实操

图 4-64

4.5.3 独立编程操作演练

在完成大数据分析与提取项目后,完成如图 4-65 所示的作业。要求将代码和运行结果截图,插入文档,并转换成 PDF 格式,在插入数字签名后,提交至云端教研室。

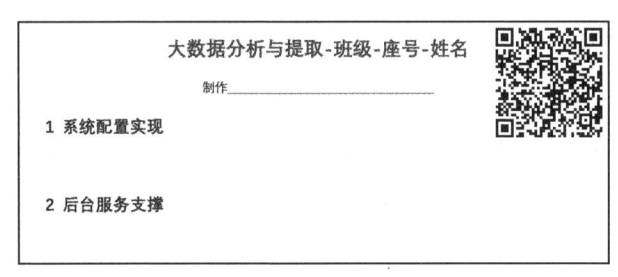

图 4-65

4.5.4 思考和演练

下面的案例实现了实时预警和设备控制的功能,如图 4-66 所示。按照特定的算法,对远程采集的数据进行分析,超过警戒值就发出声音进行预警。若严重超出警戒值,则启动相应设备。

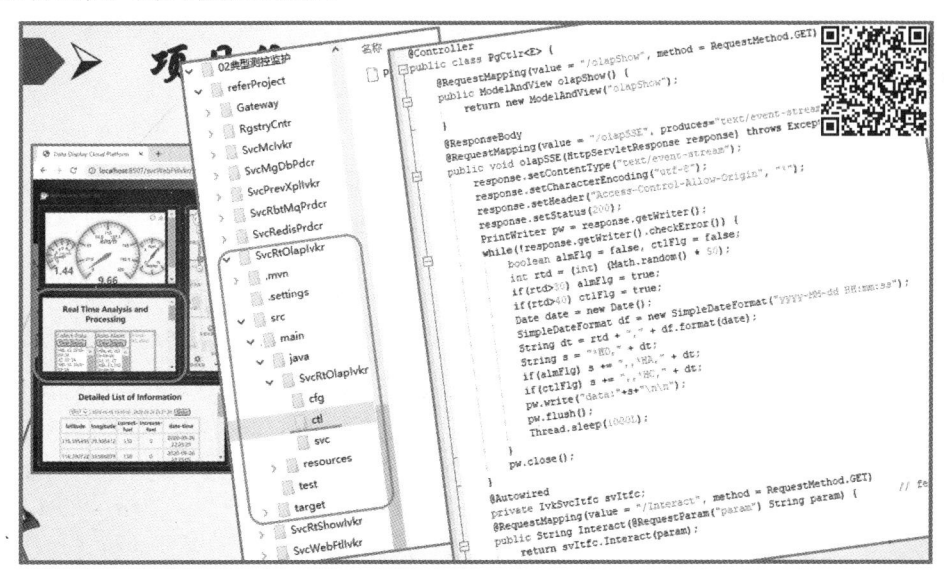

图 4-66

政治思想教育

学习《切实推动产学研深度融合》。

附录 A

增强单体垂直网络软件系统架构工具用户手册

（Java-MyEclipse-SSH 版）

A.1 网络软件系统架构

增强单体垂直网络软件系统架构工具（简称开发工具）是发明专利《一种网络系统软件体系框架及其实现方法》的具体应用。

A.1.1 背景介绍

企业使用的网络软件系统常采用业务数据库与浏览器/服务器（B/S）模式组成的三层软件架构。这种架构虽然易于进行软件设计和编程，但是不易维护和升级，创建数据库的工作量较大，结构化查询语言（Structured Query Language）的使用较为繁琐，编程效率低下。网络软件系统的设计需要高效、实用、架构简单、易于实现、自动化程度高、无关数据库的多层次网络软件系统。

本专利灵活运用领域驱动设计（domain-drive design）的编程思想，结合现代软件设计工具，通过软件系统架构工具的设计与快速交互，可满足网络软件系统设计的需求，以软件自动架构的方式，简化网络软件系统设计的流程，稳定可靠，降低成本，提高可扩展性。

A.1.2 应用领域

本专利展示了一种网络软件系统框架及其实现方法。信息技术行业内的企业可利用本专利中的技术快速、高效地设计与开发网络软件系统。本专利的应用领域包括物联网系统、车联网系统、医疗/交通/安防监控系统、智能家居系统、电子商务系统、政务系统、购物消费/查询支付系统、金融证券交易系统、企业/部门管理系统、网络教育系统、工农业检测控制系统、航天测控系统、军事指挥/设备监控系统等。

A.1.3 网络软件系统模型

运用领域驱动设计的思想，结合现代软件设计工具，采用分层架构的实现方法，围绕具体的业务逻辑，应用面向对象的思想进行分析与设计，通过本专利可建立如图 A-1 所示的四层网络软件系统模型。

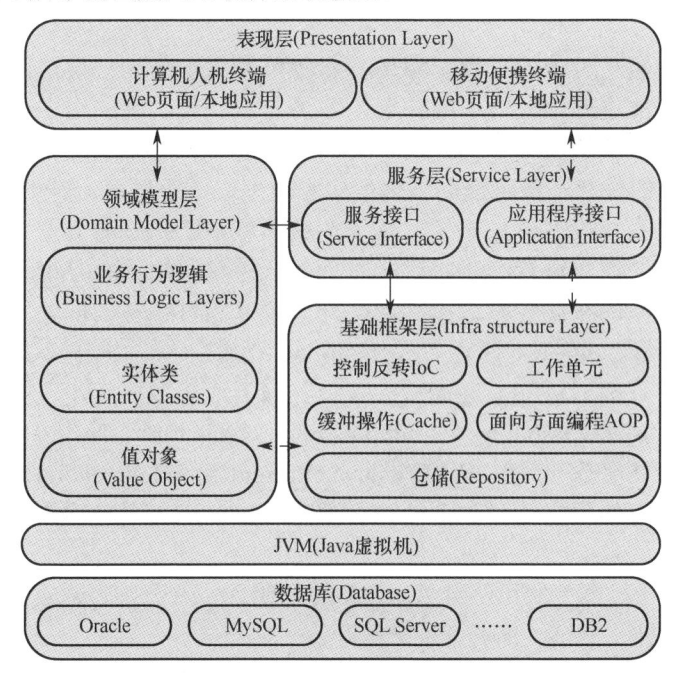

图 A-1

该模型从上到下依次是表现层、服务层、领域模型层和基础框架层。

- 表现层（Presentation Layer）：通过友好的用户界面向用户展示必要的数据信息，同时接收用户的输入与反馈。
- 服务层（Service Layer）：对领域模型层的业务进行封装，通过网络或接口向表现层暴露粗粒度的业务。

➢ 领域模型层（Domain Model Layer）：展现业务领域的行为逻辑、业务的处理状态和业务的实现规则，同时也包含业务领域中对象的状态信息，是整个模型的核心部分，包含实体类（Entity Classes）、值对象（Value Object）和业务行为逻辑（Business Logic Layers）。

➢ 基础框架层（Infrastructure Layer）：为服务层和表现层内的应用程序所使用的数据提供服务，既可以为应用程序本身的持久化访问机制提供支撑，也可以为外部系统提供数据访问的网络浏览服务，可提供能被其他各层访问的通用技术框架，包括异常的捕获与处理技术，以及日志、认证、授权、验证、跟踪、监视、缓存等框架。

按照领域驱动设计的思想，不单独将领域模型层作为一层，而是将其建立在服务层中，能更好地应对不断拓展的业务需求。在实际应用中，很多业务是并不复杂却很繁琐的业务行为逻辑，此时可创建单独的领域模型层，既可发挥领域驱动设计的优势，又可提高软件的运行效率。一般说来，对于中小型企业，四层网络软件系统模型就足够了，对于业务领域不断拓展的大型企业，还可以对业务领域内的逻辑进行细化，进一步把领域模型层细化成若干层次，提高网络软件系统模型的拓展性和适应性。此外，本专利可在基础框架层采用控制反转（Inversion of Control）、工作单元（Unit of Work）、缓冲操作（Cache Process）等技术，使领域模型层向上连接服务接口，向下连接数据库，在服务层选用窗口通信基础（WCF，Windows Communication Foundation）、Spring 等技术，在表现层选用窗口展现基础（WPF，Windows Presentation Foundation）、Struts 等技术，提高数据库的独立性和软件的执行效率，进一步实现自动化编码，减少人工编码的错误。

在此基础上，本专利可结合 ActiveX 控件或 Applet 程序，对客户端应用进行精简，简化设计、测试、部署、维护等环节。

A.1.4 新软件系统说明

1. 技术应用

结合上述网络软件系统模型，本专利可实现一个增强单体垂直网络软件系统（简称新软件系统）。该系统采用如下技术。

（1）数据库动态生成技术和 ORM 框架

➢ 在 ASP.NET 框架下使用 C#语言进行编程时，可在基础框架层采用实体框架 Entity Framework 4.1，实现持久化访问技术，自动生成关于数据库的代码，提高数据库应对不断变化的业务的能力。
> 使用 Java 语言和 J2EE 标准时，可在基础框架层采用持久化访问技术，并采用 ORM（Object Relational Mapping）框架，隐藏访问数据的细节，使数据库交互变得简单，无须考虑数据库代码的细节，从而实现代码的快速开发，避免因数据库操作引发的人为错误。

（2）代码的自动创建

在实现包含增添、查找、修改、删除等简单功能的界面时，领域模型层通过表现层的人机交互界面与服务层，结合开发工具，可快速得到常用的代码或文件。

> 对于使用 Java 语言和 J2EE 标准的应用，可以采用 JunJava、JFrame 等技术。
> 对于使用 C#语言和 ASP.NET 框架的应用，则可以采用 MVC（Module/View/Control）模型。

优点

自动创建代码和文件可减少人为错误和工作量，提高编程的自动化程度。

（3）网络通信服务的一致性

对于使用 C#语言和 ASP.NET 框架的应用，服务层采用 WCF 技术，实现业务功能的网络传输，为多客户端应用场景提供统一的服务接口，避免了重复开发，使移动终端或计算机终端等能联网的客户端，均可访问统一的服务地址，实现网络通信服务的一致性；对于使用 Java 语言和 J2EE 标准的应用，服务层采用 Spring 技术实现网络通信服务的一致性。

优点

网络通信服务具有一致性，即接口一致，服务一致，无重复开发。

（4）AOP 技术

AOP 技术是进行逻辑分离和降低耦合度最主要的方式之一。AOP 技术可解析封装的对象，将影响多个类的公共行为封装为一个可重用的模块。AOP 技术把软件系统分为两个部分：核心关注点和横向关注点。其业务处理的主要流程是核心关注点，非主要流程是横向关注点。横向关注点发生在核心关注点的多处。通过 AOP 技术可实现如日志、事务管理、权限控制等横向关注点的通用逻辑，可以专注于核心关注点。同时由这些封装好的横向关注点提供的功能，可以最大限度地复用于业务逻辑的各个部分，既不需开发人员进行特殊编码，也不会因修改横向关注点的功能而影响具体的业务功能。

- 对于使用 C#语言和 ASP.NET 框架的程序，在基础框架层采用微软企业库的 PolicyInjection 模块实现 AOP 技术。
- 对于使用 Java 语言和 J2EE 标准的应用，在基础框架层采用具有 AOP 功能的 Spring 技术。

优 点

AOP 技术使软件开发更容易集中到业务逻辑实现。

（5）依赖注入

分层架构的设计，层与层之间是松散耦合的，上层不会依赖于下层，只依赖于上层的一个接口。上层不能直接实例化下层中的类，只能持有接口，接口所指的变量究竟属于哪一层，由依赖注入机制决定。

- 对于使用 C#语言和 ASP.NET 框架的应用，在基础框架层内可以采用 Unity 实现依赖注入，包括控制反转、依赖注入（Dependence Injection）和拦截技术。
- 对于使用 Java 语言和 J2EE 标准的应用，基础框架层可以采用含有 IoC 等功能的 Spring 框架。

优 点

依赖注入可以实现层间松散耦合，仅通过接口联系上下层。

（6）美化前端页面

- 为使前端页面更加美观，可以在表现层采用 JS（Java Script）、JQuery、Ajax、DIV（Division）+CSS（Cascading Style Sheet）、AS（Action Script）、Flash 等技术实现导航、布局、动画等效果，加强人机交互的效果。
- 对于使用 C#语言和 ASP.NET 框架的程序，可以在表现层采用 RIA（Rich Internet Applications）和 WPF 技术。
- 对于使用 Java 语言和 J2EE 标准的程序，可以在表现层采用 Struts2 框架。

2. 可替代的技术

新软件系统具有拓展性，可以轻易更换或添加新的技术，便于拓展功能。

（1）数据库访问

数据库访问采用了基础框架层的 ORM 框架，除此之外可以采用如下技术。

- 对于使用 C#语言和 ASP.NET 框架的程序，可采用 NHibernate 技术。
- 对于使用 Java 语言和 J2EE 标准的程序，可采用 MyBatis 框架。
- 中小型企业开发的程序，如果使用 ASP.NET 框架，则可采用 ADO.NET 组件库；如果使用 J2EE 框架，则可使用 JDBC（Java Database Connectivity）技术。

（2）网络访问

- 对于使用 C#语言和 ASP.NET 框架的程序，服务层采用较多的是 WCF 技术，还可以根据系统规模采用 Web Service 等其他替代方案。
- 对于使用 Java 语言和 J2EE 标准的程序，服务层可使用传统的 URL（Uniform Resource Locator）定位技术或 Socket 通信技术。

（3）可重用模块

- 对于 ASP.NET 应用中的日志、异常、验证等功能，基础框架层除了采用微软企业库提供的通用服务，也可以为各模块采用不同的技术，如使用 Apache Log4j 框架实现日志等功能，甚至可以使用开发者自行开发的技术框架。
- IoC/AOP 技术也有较多替代方案，对于使用 C#语言和 ASP.NET 框架的应用，基础框架层除了使用微软企业库提供的 Unity 和 PolicyInjection 模块，也可以使用 Castle Windsor、Spring.NET、Autofac 等技术，对于使用 Java 语言和 J2EE 标准的程序，基础框架层可选用的技术更多了。

3. 新软件系统的优势

新软件系统降低了软件开发的复杂度，简化了设计、开发、测试、部署和维护等环节，体现了高可用性和高延展性，优势概括如下。

- 提高系统的可测试性：新软件系统的层与层之间是低耦合的，增强了层与层之间的独立性，从而提高了可测试性和健壮性。
- 简化解决方案的维护和管理：新软件系统的层内部高内聚、层与层之间低耦合的结构，便于维护和管理。

> 增强系统的可移植性：在软件开发时，许多模块都是通用的，如日志、异常、缓存、验证模块等，通过分层，很容易分离出通用模块，便于快速应用于其他项目。
> 自动生成数据库：新软件系统采用最新的数据库自动操作技术，并结合 ORM 框架，自动生成数据库的代码，可以轻松应对业务变化，大大提高开发效率。
> 为不同类型的终端提供统一的功能服务：不同业务应用领域中有多种终端，如手持式操纵器、立/挂式操控台和个人计算机。新软件系统可分离服务层和表现层，为不同类型的终端提供统一的功能服务。
> 增强系统的可拓展性：新软件系统是层级结构，层内部高内聚，层与层之间低耦合，各层自成模块体系，相互独立，增添和删除模块不会影响其他模块或层的功能，增强了系统的可拓展性。
> 实现编码自动化：新软件系统使用多种自动网络编程技术，实现了数据库的访问、日志、异常捕获、AOP 等常用功能，减少了重复模块的编码，同时避免了因人为因素产生的问题。

4. 趋向于"瘦客户端"

新软件系统以简化设计、测试、部署、维护等环节为目的，更趋向于"瘦客户端"，将服务层的服务"本地化"，可在浏览器中方便地操作本地硬件。

> 对于使用 C#语言和 ASP.NET 框架的应用，可以通过 C 语言和 ActiveX（或 C++驱动技术）实现在浏览器中操作本地硬件。
> 对于使用 Java 语言和 J2EE 标准的应用，可以通过 Applet 和 JNI 技术（或 C++驱动技术）实现在浏览器中操作本地硬件。

传统的软件系统会综合使用 B/S 和 C/S 模型，在设计和开发软件系统时需要 B/S 和 C/S 两组开发人员，而且需要逐一在客户端进行部署，维护、升级系统的过程较为繁琐。采用"瘦客户端"的新软件系统，在浏览器中操作本地硬件时，开发人员只需掌握并应用 B/S 模式，虽然首次运行客户端的时间会长一些，但是会省去部署环节，只需在服务器端进行维护，不必再对客户端逐一进行设计、测试、部署和维护，简化开发步骤，提高开发效率。

A.2 开发工具的应用

A.2.1 建立运行环境

建立 Java 的运行环境，即安装 1.6 以上版本的 Java JDK，根据计算机的位数，下载、安装对应版本的 JDK。

A.2.2 使用开发工具

> **提示**
> 开发工具已申请专利保护，如有读者需要此工具，可联系笔者获取。

开发工具所使用的软件为 WebFrameTool。该软件可快速生成软件系统的框架，同时会创建软件系统对应的表现层、服务层、领域模型层和基础框架层的程序和系统配置文件，软件工程师可在此基础上迅速对具体领域的业务逻辑进行设计与开发，降低软件设计的门槛，大幅度提高开发效率。下面简要介绍开发工具的使用方法。

步骤 1 运行 WebFrameTool.jar，进入"项目管理"窗口，此窗口为项目开发的主要窗口，单击菜单栏上的"□"按钮，打开如图 A-2 所示的"项目选定"对话框。

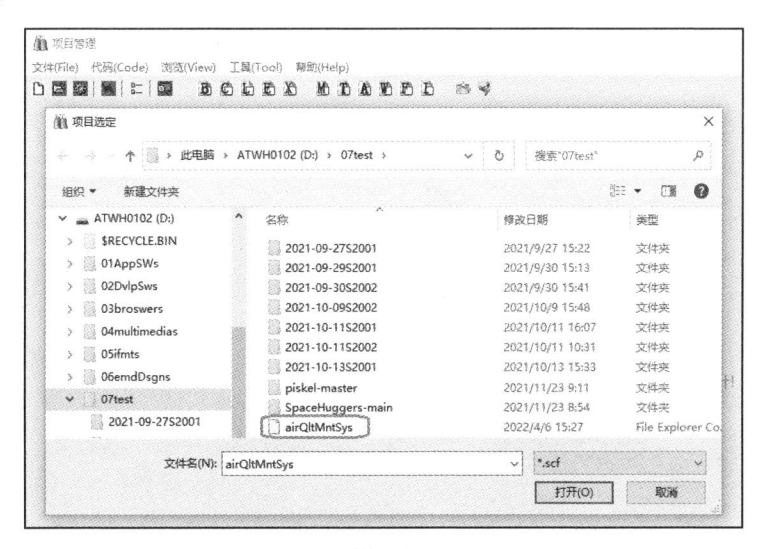

图 A-2

Java 语言及其应用实操

步骤 2 ▶▶ 在"项目选定"对话框中选择项目后,单击"打开"按钮,即可进入"整体规划"对话框,如图 A-3 所示。"整体规划"对话框展现了典型的四层网络软件系统。当光标移至不同的层次和区域时,光标会变为手指形状并有文字操作提示,单击不同区域,即可进入对应窗口进行具体设置。

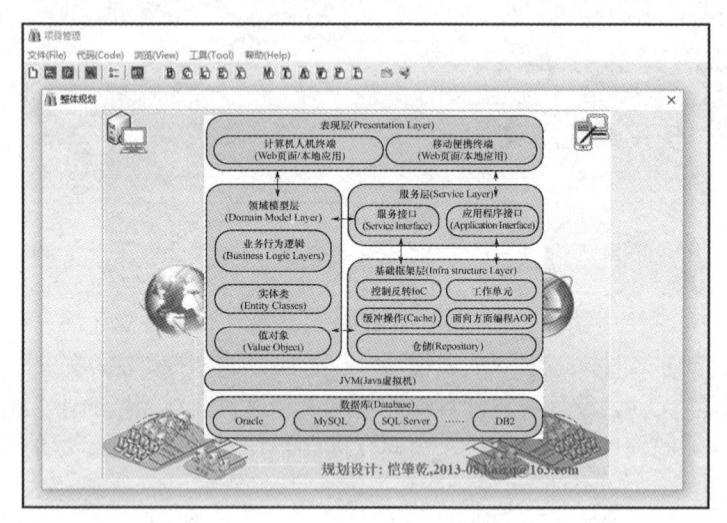

图 A-3

步骤 3 ▶▶ 软件系统的基础配置:在"整体规划"对话框中单击"基础框架层"区域,即可进入"基础构造"对话框,可设置开发环境、软件框架、数据库表、日志记录等,如图 A-4 所示。

图 A-4

附录 A 增强单体垂直网络软件系统架构工具用户手册

步骤 4 ▶▶ 数据表实体类设置：在"整体规划"对话框中单击"实体类"按钮，即可进入"实体类构造"对话框，如图 A-5 所示。

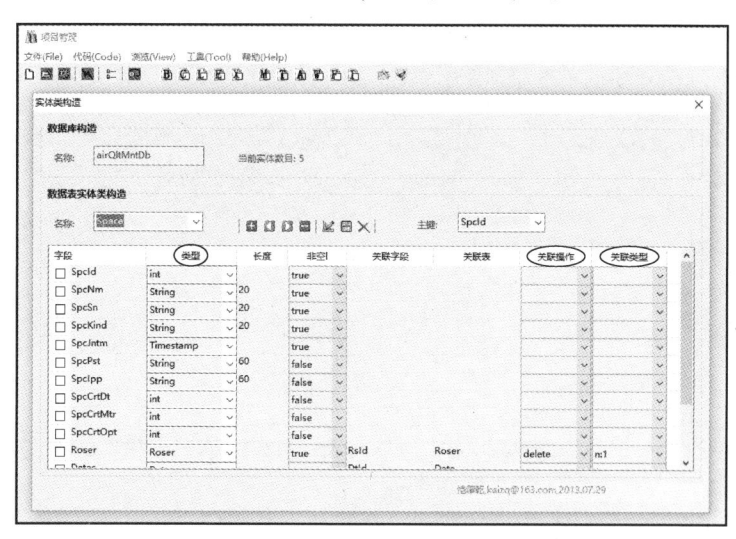

图 A-5

步骤 5 ▶▶ 常用值对象规划设置：在"整体规划"对话框中单击"值对象"按钮，即可进入"常用值对象规划"对话框，如图 A-6 所示。

图 A-6

· 161 ·

Java 语言及其应用实操

步骤 6 常用服务接口设置：在"整体规划"对话框中单击"服务接口"按钮，即可进入"常用服务接口设置"对话框，如图 A-7 所示。

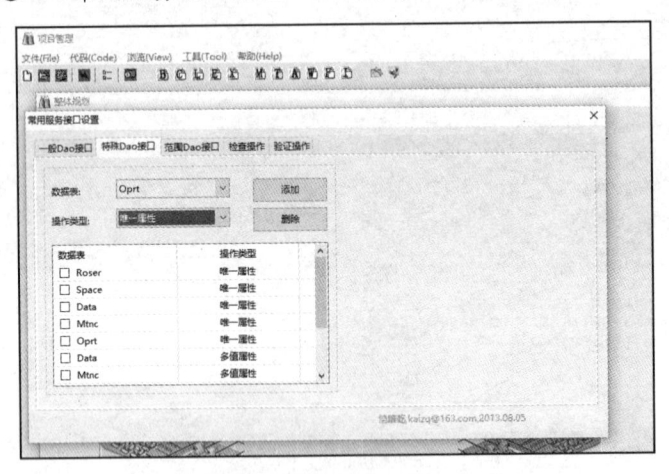

图 A-7

步骤 7 常用 Web 页面规划设置：在"整体规划"对话框中单击"计算机人机终端"按钮，即可进入"常用 Web 页面规划"对话框，可对引导页面、注册/登录页面、主题页面、编辑页面、采控监视页面、浏览分析页面等页面进行设置，如图 A-8 所示。

图 A-8

附录 A 增强单体垂直网络软件系统架构工具用户手册

步骤 8 业务逻辑行为规划设置：在"整体规划"对话框中单击"业务行为逻辑"按钮，即可进入"业务逻辑行为规划"对话框，如图 A-9 所示。

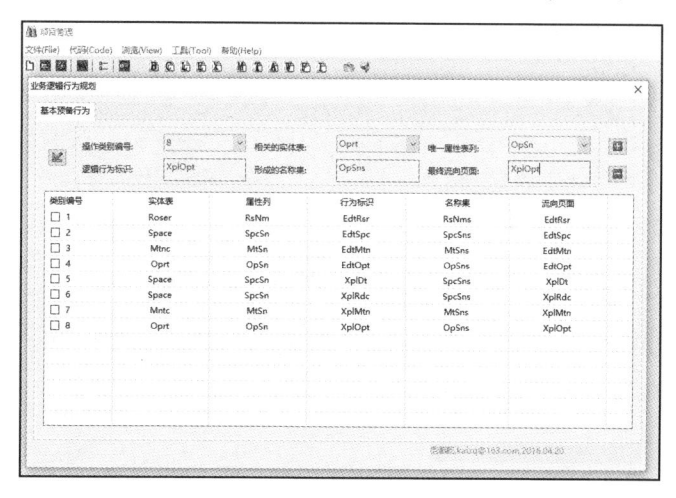

图 A-9

步骤 9 配置完成后，回到"项目管理"对话框，单击工具条上的"▇"按钮，即可创建整个工程的软件体系框架与各层次的基础代码；

步骤 10 在"项目管理"对话框中，在工具条上单击"▇"按钮，将打开"代码浏览"对话框，可以查看整个软件体系框架和具体文件，如图 A-10 所示。

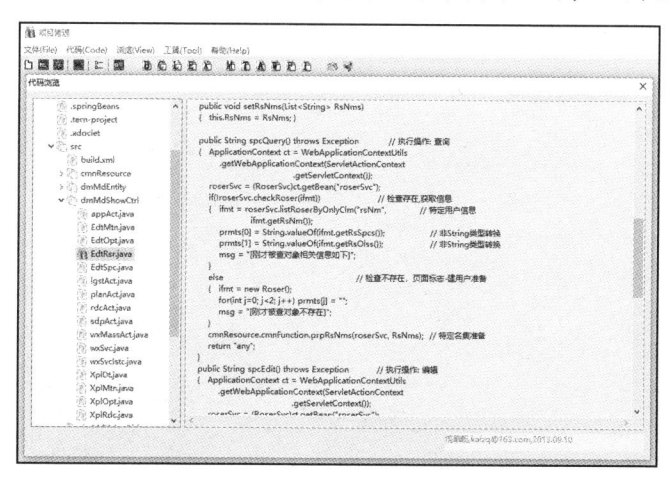

图 A-10

· 163 ·

Java 语言及其应用实操

步骤 11 在"项目管理"对话框中，单击工具条上的"▣"按钮，可将整个工程项目打包到选中的目录下，如 Eclipse 或 MyEclipse 的 Workspaces（工作环境），如图 A-11 所示。

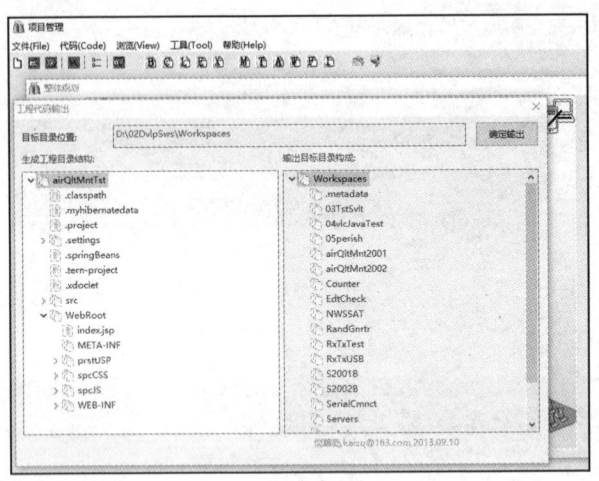

图 A-11

步骤 12 在集成开发环境 Eclipse 或 MyEclipse 下，导入生成的工程项目，如图 A-12 所示，运行检查该工程，没有任何错误和警告；运行 build.xml，将自动创建实体类对应的映射文件和数据表的 SQL 文件；运行 SQL 文件，在数据库中自动创建关联的数据表。

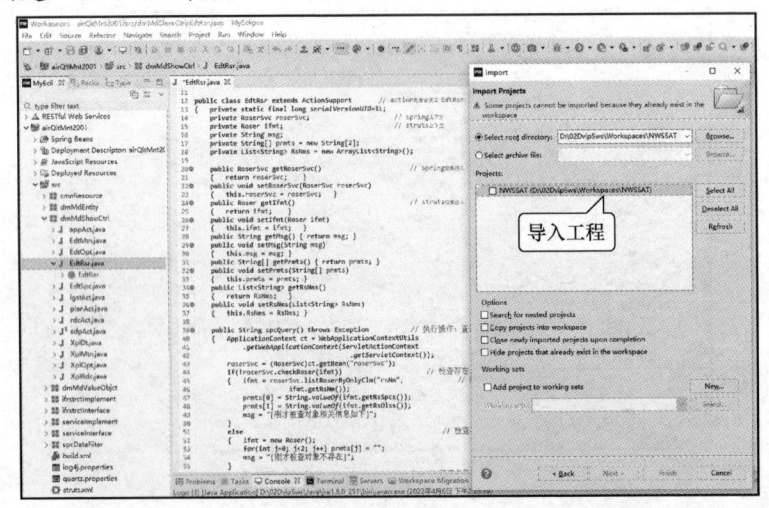

图 A-12

· 164 ·

附录 A 增强单体垂直网络软件系统架构工具用户手册

步骤 13 ▶ 编译、运行工程项目，即可进入引导页面，进而可以在不同网页之间进行查看和跳转，如图 A-13 所示。

图 A-13

步骤 14 ▶ 根据具体应用领域的业务逻辑，针对"src/dmMdShowCtrl"和"WebRoot/prsttJSP"路径下的文件，可调用函数进行代码添加、数据处理和网页可视化等，如图 A-14 所示，按照领域驱动设计的思想，快速进行软件开发工作。

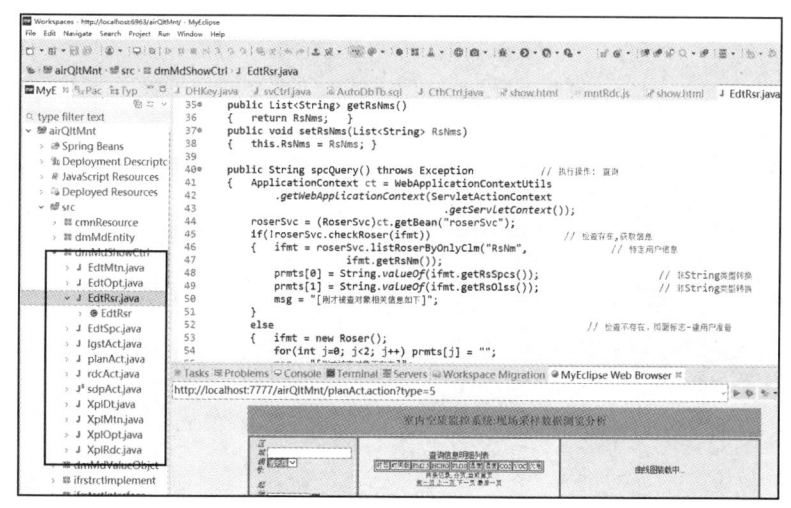

图 A-14

步骤 15 ▶ 使用 JavaScript、ActionScript、CSS 等语言，对"WebRoot/prsttJSP"路径下的网页文件进行界面美化和动画渲染，可得到更加美观、交互性更强的可视化网页，如图 A-15 所示。

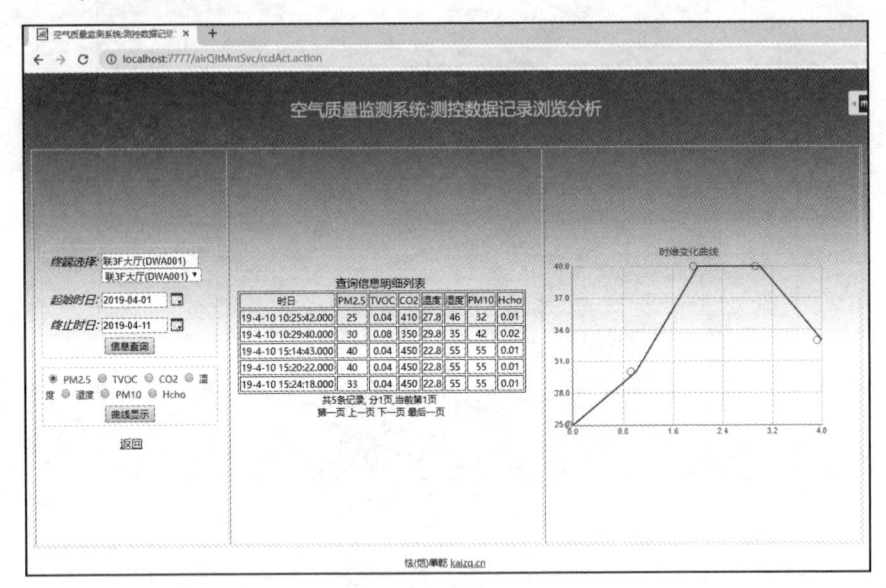

图 A-15

附录 B

模拟考试题一

答题卡		1	2	3	4	5	6	7	8	9	10	合计
	判断题（共10题，每题2分）											
	单选题（共10题，每题2分）											
	多选题（共10题，每题2分）											
	推理题（共4题，每题5分）											
	分析题（共4题，每题5分）											
总计												

一、判断题（共10题，每题2分，共20分）

1. 下面的代码语法正确。　　　　　　　　　　　　　　　　　　（　　）
   ```
   public class Something{
       void doSomething(){
           private String s="";
           int l = s.length();
       }
   }
   ```

2. 下面的代码语法正确。　　　　　　　　　　　　　　　　　　（　　）
   ```
   public class Something{
       public int addOne(final int x){
           return ++x;
       }
   }
   ```

3. "=="操作符用于判断两个对象的内容和类型是否一致。　　　（　　）

4. 在下面的代码中，maxElements 可以作为成员变量。　　　　（　　）
   ```
   public static final int maxElements = 100;
   ```

5. 调用 sleep()方法可以使一个线程停止运行。　　　　　　　　（　　）

6. 如果在构造方法中调用 supper()语句，则必须使其成为构造方法中的第一条语句。　　　　　　　　　　　　　　　　　　　　　　　　　　（　　）

7. 组成 Java Application 的若干类中，有且只有一个主方法 main()，即使该方法没有参数，程序也可以正常运行。　　　　　　　　　　　　　（　　）

8. 一个类可以实现多个接口。Java 语言可以通过接口间接实现多重继承。
　　　　　　　　　　　　　　　　　　　　　　　　　　　　　（　　）

9. 定义变量时，必须初始化变量，否则变量具有无意义值。　　（　　）

10. 下图中的代码实现了方法的重写。　　　　　　　　　　　（　　）

```
class Dog{
    public void bark(){
        System.out.println("woof ");
    }                       方法名与参数都一样
}
class Hound extends Dog{
    public void sniff(){
        System.out.println("sniff ");
    }

    public void bark(){
        System.out.println("bowl");
    }
}
```

二、单选题（共 10 题，每题 2 分，共 20 分）

1. ArrayList 实现了数组，便于遍历元素和随机访问元素。已知获得了 ArrayList 的对象 bookTypeList，判断列表中是否存在字符串"小说"的语句是（　　）。

　　A．bookTypeList.add("小说");　　　　B．bookTypeList.get("小说");
　　C．bookTypeList.contains("小说");　　D．bookTypeList.remove("小说");

2. 在类中，对象的特征表示为变量，变量是类的（　　）。

　　A．对象　　　　　　　　　　　　　B．属性
　　C．方法　　　　　　　　　　　　　D．数据类型

3. String 类提供的合法方法不包括（　　）。

　　A．equals();　　　　　　　　　　　B．trim();
　　C．append();　　　　　　　　　　　D．indexOf();

4. 以键值对的方式存储对象的是（　　）。

　　A．java.util.List　　　　　　　　　B．java.util.ArrayList
　　C．java.util.HashMap　　　　　　　D．java.util.LinkedList

5. 关于自动类型转换，说法正确的是（   ）。
A. 基本数据类型和字符串类型相加结果一定是字符串类型
B. char 类型和 int 类型相加结果一定是字符类型
C. double 类型可以自动转换为 int 类型
D. char + int + double + ""的结果一定是 double 类型

6. 已知 Teacher 类和 Student 类是 Person 类的子类。关于下面的代码，说法正确的是（   ）。

```
Teacher t;
Student s; // t 和 s 不为 null
if (t instanceof Person )
    s=(Student)t;
```

A. 构造一个 Student 对象   B. 表达式是合法的
C. 表达式是错误的   D. 编译时正确，但运行时错误

7. 在构造 ArrayList 的实例时，（   ）语句实现了 List 接口。
A. ArrayList myList = new Object();   B. List myList = new ArrayList();
C. ArrayList myList = new List();   D. List myList = new List();

8. 可以使用（   ）语句，为 boolean 类型的变量赋值。
A. boolean = 1;   B. boolean a = (9 >= 10);
C. boolean a= "真";   D. boolean a == false;

9. 已知 score 是一个整数数组，数组中有五个元素，已经正确初始化 score 并对其赋值。下面的代码（   ）。

```
temp = score[0];
for (int index = 1;index < 5;index++) {
    if (score[index] < temp) {
        temp = score[index];
    }
}
```

A. 可求出最大数   B. 可求出最小数
C. 可找到数组最后一个元素   D. 编译出错

10. 运行下面的代码时，会产生（   ）类型的异常。

```
String s = null;
s.concat("abc");
```

A. ArithmeticException   B. NullPointerException
C. IOException   D. ClassNotFoundException

三、多选题（共10题，每题2分，共20分）

1. 单体垂直架构项目可以（　　）。
   A. 使用 C/S 模式　　　　　　　　B. 是 Web 项目
   C. 使用 B/S 模式　　　　　　　　D. 使用 SSH、SSM 或 SSI 模式

2. 微服务架构项目工程（　　）。
   A. 使用后台 SaaS，可以实现"直达服务"
   B. 是 Maven 项目
   C. 包含 Web 应用，可以实现网页的"直接链接"
   D. 是 Spring Boot 项目

3. 关于下面的代码，说法正确的有（　　）。
```
public int guessWhat( double arr[ ] ){
    double x= 0;
    for( int i = 0; i < arr.length; i++ ){
        if(x > arr[i]){
            x = arr[i];
        }
    }
    return x;
}
```
   A. 返回数组最大值的下标　　　　B. 返回数组最小值的下标
   C. 返回数组中的最大值　　　　　D. 返回数组中的最小值
   E. 参数可以是 int 类型的数组　　F. 参数可以是 String 类型的数组

4. 关于下面的代码，说法正确的有（　　）。
```
String space = " ";
String composite = space + space + "a" + space+"b"+space;
System.out.println("AB".equalsIgnoreCase(composite.substring(1).trim().toUpperCase()));
```
   A. 编译出错　　　　　　　　　　B. 输出结果为 false
   C. 输出结果为 true　　　　　　　D. AB 是对象
   E. AB 不是对象

5. 下列选项中，合法的变量名有（　　）。
   A. static　　　　　　　　　　　　B. _str
   C. num code　　　　　　　　　　D. 145rate
   E. count%　　　　　　　　　　　F. userName

6. 下面选项中，语法格式正确的有（　　）。

A. int sage=18; B. int num1=15.5;
C. char str=hello world; D. double num2=15;

7. 下面选项中，合法的赋值语句有（　　）。

A. float a = 2.0; B. double b = 2.0;
C. int c = 2; D. long d = 2;

8. 关于下面代码，说法正确的有（　　）。

```
class A { A() { } }
class B extends A { }
```

A. 类 B 的构造函数的访问权限是 public
B. 类 B 的构造函数没有参数
C. 类 B 的构造函数中包含 this()方法的调用
D. 类 B 的构造函数中包含 super()方法的调用

9. 系统会为类 A 自动产生构造方法的情况有（　　）。

A. class A { } B. class A { public A() {} }
C. class A {
      public A(int x) {}
   }
D. class Z {}
   class A extends Z { void A() {} }

10. 不能用来修饰 interface 的有（　　）。

A. private B. public
C. protected D. static

四、推理题（共 4 题，每题 5 分，共 20 分）

1. 运行下面的程序，结果是（　　）。

```
class TestIt {
    public static void main ( String[] args ) {
        int[] myArray = {1, 2, 3, 4, 5};
        ChangeIt.doIt( myArray );
        for(int j=0; j<myArray.length; j++)
            System.out.print( myArray[j] + " " );
    }
}
class ChangeIt {
    static void doIt( int[] z ) {
```

```
            z = null ;
        }
    }
```

A. 1 2 3 4 5　　　　　　　　　　B. 什么都不会打出来
C. 程序因错误而终止　　　　　　　D. 0 0 0 0 0

2. 运行下面的程序，结果是（　　）。

```
    class LowHighSwap {
        static void doIt( int[] z ) {
            int temp = z[z.length-1];
            z[z.length-1] = z[0];
            z[0] = temp;
        }
    }
    class TestIt {
        public static void main( String[] args ) {
            int[] myArray = {1, 2, 3, 4, 5};
            LowHighSwap.doIt(myArray);
            for (int i = 0; i < myArray.length; i++) {
                System.out.print(myArray[i] + " ");
            }
        }
    }
```

A. 1 2 3 4 5　　　　　　　　　　B. 5 2 3 4 1
C. 1 2 3 4 1　　　　　　　　　　D. 5 2 3 4 5

3. 运行下面的程序，结果是（　　）。

```
    int[] num7 = {1, 3, 5, 2, 8, 9, 5, 0};
    int x7 = num7[0];
    for (int i = 0; i <= num7.length-1; i++) {
        if(num7[i] < x7) {
            x7 = num7[i];
        }
    }
    System.out.println(x7);
```

A. 1　　　　　　　　　　　　　　B. 9
C. 0　　　　　　　　　　　　　　D. 2

4. 运行下面的程序，结果是（　　）。

```
int[] numbers = {1, 2, 3, 4, 5, 6, 7, 8, 9};
for (int i = 0; i < 8; i++) {
    System.out.println(numbers[i]);
}
```

A．0～9 B．0～8
C．1～8 D．1～9

五、分析题（共 4 题，每题 5 分，共 20 分）

使用 WindowBuilder 设计并实现了下方的"编辑校验"窗口，请根据该窗口回答以下问题。

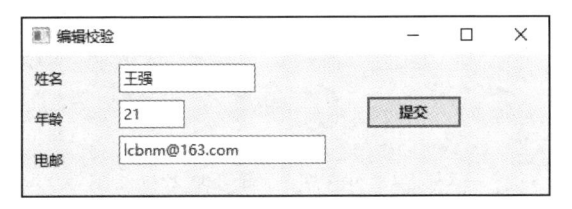

1．下面的代码可创建"编辑校验"窗口，运行代码时，窗口的初始位置（　　）。

```
protected void createContents() {
    shlChck = new Shell();
    shlChck.setSize(458, 152);
    Counter.setText("\u7F16\u8F91\u6821\u9A8C");
    int width = Counter.getMonitor().getClientArea().width;
    int height=Counter.getMonitor().getClientArea().height;
    int x = Counter.getSize().x;
    int y = Counter.getSize().y;
    if(x>width)   Counter.getSize().x = width;
    if(y>height)  Counter.getSize().y = height;
    Counter.setLocation((width-x)/2, (height-y)/2);
    ...
```

A．在左上角 B．在屏幕中央
C．取决于鼠标的位置

2．单击"提交"按钮时，会依次对输入的内容进行校验，其中电子邮箱的地址（图中的"电邮"）要求必须包含字符"@"和"."。关于下面的代码，说法正确的是（　　）。

```
String s = txtNm.getText();
if((s.equals(""))||(s.length()>20)) {
```

```
        lbShow.setText("输入的字符不要超过 20 位!");
        return;
    }
    s = txtAge.getText();
    if((s.equals(""))||(!isNumeric(s))) {
        lbShow.setText("请输入数字!");
        return;
    }
    int t = Integer.parseInt(s);
    if(t>300) {
        lbShow.setText("年龄不符合规范，请重新输入!");
        return;
    }
    s = txtAddr.getText();
    if((s.equals(""))||(!s.contains("@"))) {
        lbShow.setText("电子邮箱不符合规范，必须包含@和.");
        return;
    }
```

A．代码实现了题目要求的所有功能
B．代码没有实现题目要求的所有功能

3．单击"提交"按钮时，会依次对输入内容进行校验，下面的代码实现的校验功能有（　　）。

```
        String s = txtNm.getText();
        if((s.equals(""))||(s.length()>20)) {
            lbShow.setText("输入的字符不要超过 20 位！ ");
            return;
        }
        s = txtAge.getText();
        if((s.equals(""))||(!isNumeric(s))) {
            lbShow.setText("请输入数字！ ");
            return;
        }
        int t = Integer.parseInt(s);
        if(t>300) {
            lbShow.setText("年龄不符合规范，请重新输入！ ");
            return;
        }
```

```
        s = txtAddr.getText();
        if((s.equals(""))||(!s.contains("@"))) {
            lbShow.setText("电子邮箱不符合规范,必须包含@和.");
          return;
        }
```

A. 姓名必须输入 20 个以内的字符

B. 年龄必须是数字且小于 200

C. 电子邮箱必须包含"@"和"."

D. 每个输入都不能为空

4. 当输入不符合规范时,下面的代码处理异常的方法为(　　)。

```
        String s = txtNm.getText();
        if((s.equals(""))||(s.length()>20)) {
            lbShow.setText("输入的字符不要超过 20 位! ");
          return;
        }
        s = txtAge.getText();
        if((s.equals(""))||(!isNumeric(s))) {
            lbShow.setText("请输入数字! ");
          return;
        }
        int t = Integer.parseInt(s);
        if(t>300) {
            lbShow.setText("年龄不符合规范,请重新输入! ");
          return;
        }
        s = txtAddr.getText();
        if((s.equals(""))||(!s.contains("@"))) {
            lbShow.setText("电子邮箱不符合规范,必须包含@和.");
          return;
        }
```

A. 限制输入的年龄必须是数字

B. 限制姓名字符的长度

C. 限制电子邮箱的格式

附录 C

模拟考试题二

答题卡		1	2	3	4	5	6	7	8	9	10	合计
答题卡	判断题（共10题，每题2分）											
	单选题（共10题，每题2分）											
	多选题（共10题，每题2分）											
	推理题（共4题，每题5分）											
	分析题（共4题，每题5分）											
	总计											

一、判断题（共10题，每题2分，共20分）

1. 调用下图中的方法后，结果是 NULL。　　　　　　　　　　（　　）

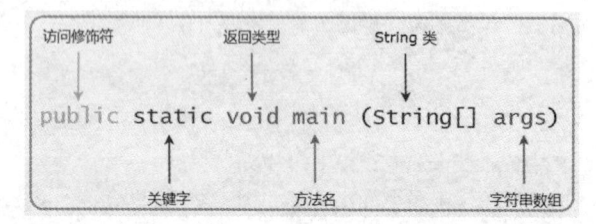

```
访问修饰符        返回类型       String 类
    ↓              ↓              ↓
public  static  void  main (String[] args)
    ↑              ↑              ↑
  关键字          方法名        字符串数组
```

2. 下图的方法可以访问同一类中的所有数据成员。　　　　　　（　　）

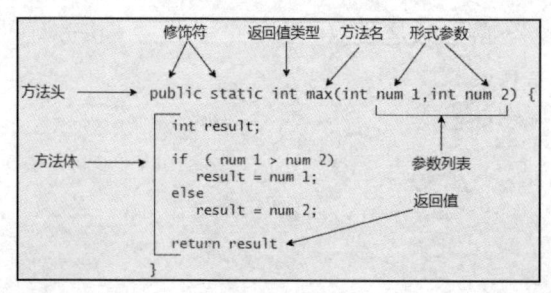

```
                    修饰符  返回值类型  方法名   形式参数
                      ↓       ↓         ↓        ↓
方法头 ─→  public static int max(int num 1,int num 2) {
              int result;
方法体 ─→     if ( num 1 > num 2 )             参数列表
                  result = num 1;
              else                             返回值
                  result = num 2;
              return result;
          }
```

3. 未显式定义构造方法的类，也会有缺省的构造方法，该方法是无参方法，方法体为空。（ ）

4. 使用关键字 constant 可定义一个常量。（ ）

5. 在处理异常时，将可能产生异常的语句放在 try 块中，使用 catch 子句处理异常。一个 try 块只能对应一个 catch 语句。（ ）

6. 线程对象的具体操作由 run()方法确定。若 Thread 类的 run()方法为空，则用户需要创建 Thread 类的子类，并在子类中重新定义 run()方法；或使一个类实现 Runnable 接口，并实现 run()方法。（ ）

7. 数组的元素下标总是从 0 开始的，下标可以是整数或整型表达式。（ ）

8. 注释的作用是执行程序时，在屏幕上显示"//"之后的内容。（ ）

9. 子类在继承父类时，拥有的成员数量一定大于或等于父类拥有的成员数量。（ ）

10. 下图中的代码实现了方法的"重写"。（ ）

```
class Dog{
    public void bark(){
        System.out.println("woof ");
    }
}
class Hound extends Dog{
    public void sniff(){
        System.out.println("sniff ");
    }
    public void bark(){
        System.out.println("bowl");
    }
}
```
方法名与参数都一样

二、单选题（共 10 题，每题 2 分，共 20 分）

1. 观察下面的代码，共循环了（ ）次。
```
int i = 5;
do {
  System.out.println(i--);
  i--;
} while(i!=0);
```

A. 0

B. 1

C. 5

D. 无限

2. 观察下面的代码，下面选项中是非法表达式的有（　　）。
   ```
   int a = 5, b= 6;
   double c = 1.1, d = 2;
   ```
   A. a+c+++d;
   B. (a+c)--;
   C. c<<b;
   D. a!=?c:d

3. 代码的执行结果是（　　）。
   ```
   int x = 3, y = 10;
   System.out.println(y%x);
   ```
   A. -1
   B. 2
   C. 1
   D. 3

4. 假设 0≤k≤3，观察下面的代码，对 x 数组引用错误是（　　）。
   ```
   byte[] x = {11, 23, 66, -56};
   ```
   A. x[5-3]
   B. x[k]
   C. x[k+5]
   D. x[0]

5. 代码中方法的返回类型（ReturnType）为（　　）。
   ```
   ReturnType method(byte x, double y) {
       return (short)x/y*2;
   }
   ```
   A. byte
   B. short
   C. int
   D. double

6. 运行下面的程序，结果为（　　）。
   ```
   String s1 = "Abc", s2 = "Bcd";
   System.out.println(s1.compareTo(s2));
   ```
   A. -1
   B. 1
   C. false

D. true

7. 假设有一个成员变量 m，同一个类中的方法 fun()想直接访问 m 时，需要将 m 的访问控制修饰符（　　）。

A. 由 private 变为 protected
B. 由 private 变为 public
C. 由 private 变为 static
D. 去掉

8. 运行下面的程序，i 和 j 的值分别为（　　）。

```
int i = 1;
int j = i++;
```

A. 1,1
B. 1,2
C. 2,1
D. 2,2

9. 运行下面的程序，结果为（　　）。

```
boolean m = true;
if ( m == false )
  System.out.println("False");
else
  System.out.println("True");
```

A. False
B. True
C. None
D. 运行出错

10. 分析下面的代码，第（　　）行代码会导致程序错误运行。

```
class Example{
  String str;
  public Example(){
    str= "example";
  }
  public Example(String s){
    str=s;
  }
}
class Demo extends Example{
```

```
    }
    public class Test{
      public void f (){
        Example ex = new Example("Good");
        Demo d = new Demo("Good");
      }
    }
```

A. 3
B. 6
C. 10
D. 14
E. 15

三、多选题（共 10 题，每题 2 分，共 20 分）

1. Java 语言的项目类型有（   ）。

A. Java 项目

B. Web 项目

C. Maven 项目

D. WindowBuilder pro 项目

2. public void example(){…}的重载方法有（   ）。

A. public void example(int m){…}

B. public int example(){…}

C. public void example(){…}

D. public int example(int m, float f){…}

3. 观察下面的代码，注释处填入（   ）是正确的。

```
    public class Base{
      int w, x, y ,z;
      public Base(int a,int b) {
        x=a; y=b;
      }
      public Base(int a, int b, int c, int d) {
        // assignment x=a, y=b
        w=d;
        z=c;
      }
```

}
A. Base(a,b);
B. y=a; x=b;
C. x=a, y=b;
D. this(a,b);
4. 观察下面的代码，合法的表达式有（   ）。
   String s = "story";
A. s += "books";
B. int len = s.length;
C. char c = s[1];
D. String t = s.toLowerCase();
5. 运行下面的代码，结果为（   ）。
```
public class Test {
  public static void main(String arg[]) {
    int i = 5;
    do {
      System.out.println(i);
    } while (--i>5)
    System.out.println("finished");
  }
}
```
A. 5
B. 4
C. 6
D. finished
6. 运行下面的代码，结果为（   ）。
```
outer: for(int i=0;i<3; i++)
   inner: for(int j=0;j<2;j++) {
     if(j==1) continue outer;
     System.out.println(j+ "&"+i);
   }
```
A. 0&0
B. 0&1
C. 0&2
D. 1&0

E. 1&1

F. 2&0

7. 运行下面的代码，当 m 的值为（   ）时，输出结果包含"Condition 2"。

```
switch (m) {
  case 0: System.out.println("Condition 0");
  case 1: System.out.println("Condition 1");
  case 2: System.out.println("Condition 2");
  case 3: System.out.println("Condition 3");break;
  default: System.out.println("Other Condition");
}
```

A. 0

B. 1

C. 2

D. 3

E. 4

F. None

8. 使线程停止运行的方法有（   ）。

A. sleep()

B. stop()

C. notify()

D. suspend()

E. yield()

F. wait()

G. notifyAll()

9. 观察下面的代码，注释中应填入（   ）。

```
public class Test {
  private float f = 1.0;
  int m = 12;
  static int n=1;
  public static void main(String arg[]) {
    Test t = new Test();
    //注释
  }
}
```

A. t.f

B. this.n
C. Test.m
D. Test.n

10. 下面的代码中,语法正确的有( )。

A. args[0] = "MyTest a b c"
B. args[0] = "MyTest"
C. args[0] = "a"
D. args[1]= 'b'

四、推理题(共4题,每题5分,共20分)

1. 运行下面的程序,结果为( )。

```
int i = 0, j = 0;
while(i<5){
  if(j>2){
    System.out.println("**");
    i++;
    j--;
    continue;
  }
  System.out.println("*");
  j++;
  i++;
}
```

A. *　　　　　　　　B. *　　　　　　　　C. *
　　*　　　　　　　　　　*　　　　　　　　　　*
　　**　　　　　　　　　 *　　　　　　　　　　*
　　*　　　　　　　　　　**　　　　　　　　　 *
　　*　　　　　　　　　　*　　　　　　　　　　*

2. 运行下面的程序,结果为( )。

```
public class EqualOrNot{
  public static void main(String[] args) {
    B b1=new B();
    B b2=new B();
    b1.c(5);
    b2.c(5);
    System.out.println(b1==b2);
```

```
            System.out.println(b1.equals(b2));
            System.out.println(b1.x==b2.x);
        }
    }
    class B{
        int x;
        public void c( int y){ x=y; }
    }
```

A. false   B. true   C. false
    false   false   true
    true   false   true

3. 运行下面的程序，结果为（　　）。

```
    class Test {
        public static void main(String[] args) {
            StringBuffer a = new StringBuffer("Runoob");
            StringBuffer b = new StringBuffer("Google");
            a.delete(1,3);
            a.append(b);
            System.out.println(a);
        }
    }
```

A. oobGoogle

B. RoobGoogle

C. RuoobGoogle

D. RuobGoogle

4. 运行下面的程序，结果为（　　）。

```
    public class Test {
        public static void main(String[] args) {
            String s1 = "runoob";
            String s2 = "runoob";
            System.out.println("s1 == s2 is:" + s1 == s2);
        }
    }
```

A. true

B. s1 == s2 is:false

C. s1 == s2 is:true

D. false

五、分析题（共 4 题，每题 5 分，共 20 分）

使用 WindowBuilder 设计并实现了下方的"编辑校验"窗口，请根据该窗口回答以下问题。

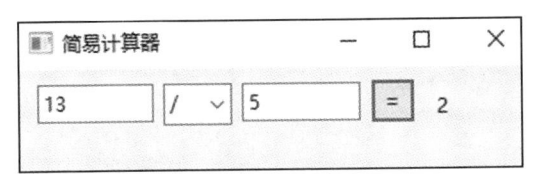

```
简易计算器    —  □  ×
[13]  [/▼]  [5]  [=]  2
```

1. 下面的代码可创建"简易计算器"窗口，运行代码时，窗口的初始位置（   ）。

```
protected void createContents() {
    Counter = new Shell();
    Counter.setSize(334, 107);
    Counter.setText("简易计算器");
    int width=Counter.getMonitor().getClientArea().width;
    int height=Counter.getMonitor().getClientArea().height;
    int x = Counter.getSize().x;
    int y = Counter.getSize().y;
    if(x>width) Counter.getSize().x = width;
    if(y>height) Counter.getSize().y = height;
    Counter.setLocation((width-x)/2, (height-y)/2);
    ...
}
```

A. 位于左上角
B. 位于屏幕中央
C. 取决于鼠标的位置

2. 单击"="按钮时，会对输入的数字进行校验，观察以下代码，警告窗口的位置在（   ）。

```
public static void MsgShow(String str) {
    MessageBox box = new MessageBox(Counter, SWT.ICON_WARNING);
    box.setText("警告");
    box.setMessage(str);
    box.open();
}
```

```
    ...
    btnExe.addSelectionListener(new SelectionAdapter() {
      public void widgetSelected(SelectionEvent e) {
        String s = txtDt1.getText();
        if((s.equals(""))||(!isNumeric(s))) {
          MsgShow("请输入纯数字！");
          return;
        }
```

A．屏幕左上角

B．屏幕中央

3．按下"="按钮时，会对输入的数字进行校验，观察以下代码，校验方法（　　）。

```
    public boolean isNumeric(String str){
      Pattern pattern = Pattern.compile("[0-9]*");
      Matcher isNum = pattern.matcher(str);
      if( !isNum.matches() ){
        return false;
      }
      return true;
    }
    ...
    btnExe.addSelectionListener(new SelectionAdapter() {
      public void widgetSelected(SelectionEvent e) {
        String s = txtDt1.getText();
        if((s.equals(""))||(!isNumeric(s))) {
          MsgShow("请输入数字！");
          return;
        }
```

A．使用 java.util.regex 包的 Pattern

B．使用 java.util.regex 包的 Matcher

C．限制一次只能输入一个数字字符

D．限制只能输入数字字符

4．下面的代码实现了事件监听，处理异常的手段有（　　）。

```
    public boolean isNumeric(String str){
      Pattern pattern = Pattern.compile("[0-9]*");
      Matcher isNum = pattern.matcher(str);
```

```
      if( !isNum.matches() ){
        return false;
      }
      return true;
    }
    ...
    btnExe.addSelectionListener(new SelectionAdapter() {
      public void widgetSelected(SelectionEvent e) {
        String s = txtDt1.getText();
        if((s.equals(""))||(!isNumeric(s))) {
          MsgShow("请输入纯数字!");
          return;
        }
        ...
        else if(s.equals("/")) {
          if(b==0) {
            MsgShow("零不能作除数！");
            return;
          }
          a /= b;
    Matcher isNum = pattern.matcher(str);
    if( !isNum.matches() ){
      return false;
    }
    return true;
    }
    ...
    btnExe.addSelectionListener(new SelectionAdapter() {
      public void widgetSelected(SelectionEvent e) {
        String s = txtDt1.getText();
        if((s.equals(""))||(!isNumeric(s))) {
          MsgShow("请输入数字！");
          return;
        }
```

A．限制输入的内容必须是数字
B．限制除数不能为 0
C．使用常用的异常处理方法

附录 D

参考答案

模拟考试题一

		1	2	3	4	5	6	7	8	9	10	合计
答题卡	判断题（共10题，每题2分）	×	×	×	√	√	√	√	√	×	×	
	单选题（共10题，每题2分）	C	B	C	C	A	D	B	B	B	B	
	多选题（共10题，每题2分）	ABCD	ABCD	DE	BD	BF	AD	BCD	BD	AD	ACD	
	推理题（共4题，每题5分）	A	B	C	C							
	分析题（共4题，每题5分）	BC	B	ACD	ABC							
	总计											

模拟考试题二

		1	2	3	4	5	6	7	8	9	10	合计
答题卡	判断题 （共10题，每题2分）	√	×	√	×	×	√	√	×	√	√	
	单选题 （共10题，每题2分）	D	C	C	C	D	C	B	A	B	E	
	多选题 （共10题，每题2分）	ABCD	ABCD	ABCD	ACD	AD	A	ABCD	ABDEF	AB	ABCD	
	推理题 （共4题，每题5分）	B	A	B	B							
	分析题 （共4题，每题5分）	BC	B	ABD	AB							
	总计											

参考文献

[1] 周贤来，傲起，马晓涛. Java 程序设计[M]. 上海：上海交通大学出版社，2021.
[2] 高翔，李志浩. Java Web 开发与实践[M]. 北京：人民邮电出版社，2020.
[3] 关星，李源彬，李志勇. Java 开发综合实战[M]. 上海：上海交通大学出版社，2021.
[4] 怯肇乾，张寒冰. 实用型系统软件架构的简易设计与实现[J]. 软件，2012，33（3）：84-89.

反侵权盗版声明

电子工业出版社依法对本作品享有专有出版权。任何未经权利人书面许可，复制、销售或通过信息网络传播本作品的行为；歪曲、篡改、剽窃本作品的行为，均违反《中华人民共和国著作权法》，其行为人应承担相应的民事责任和行政责任，构成犯罪的，将被依法追究刑事责任。

为了维护市场秩序，保护权利人的合法权益，我社将依法查处和打击侵权盗版的单位和个人。欢迎社会各界人士积极举报侵权盗版行为，本社将奖励举报有功人员，并保证举报人的信息不被泄露。

举报电话：（010）88254396；（010）88258888
传　　真：（010）88254397
E-mail：　dbqq@phei.com.cn
通信地址：北京市万寿路 173 信箱
　　　　　电子工业出版社总编办公室
邮　　编：100036